21世纪高等职业教育计算机技术规划教材

计算机应用基础
实验与实训教程
（Windows 7+Office 2010）

吴兆明 ■主编

人民邮电出版社

北　京

图书在版编目（CIP）数据

计算机应用基础实验与实训教程：Windows 7+
Office 2010 / 吴兆明主编. -- 北京：人民邮电出版社，
2015.8（2021.10重印）
21世纪高等职业教育计算机技术规划教材
ISBN 978-7-115-40143-4

Ⅰ．①计… Ⅱ．①吴… Ⅲ．①Windows操作系统－高
等职业教育－教材②办公自动化－应用软件－高等职业教
育－教材 Ⅳ．①TP316.7②TP317.1

中国版本图书馆CIP数据核字(2015)第220186号

内 容 提 要

本书是"计算机应用基础"课程的配套实验与实训教程，包括 4 个模块，共 8 个实验。模块 1 为
Windows 7 管理与操作，包括 Windows 7 系统设置与资源管理实验；模块 2 为 Word 2010 应用，包括
Word 文档的创建与编辑、Word 文档的美化与排版、Word 文档的表格制作与邮件合并 3 个实验；模块
3 为 Excel 2010 应用，包括数据表制作与统计分析、数据管理、数据图表显示与数据表打印 3 个实验；
模块 4 为 PowerPoint 2010 应用，包括演示文稿的编辑与设置实验。本书还包括 3 套全真模拟试题及精
解、全国计算机信息技术考试办公软件应用模块（Windows 7 平台）操作员级考试考试大纲和全国计算
机信息高新技术考试办公软件应用模块（Windows 7 平台）操作员级考试评分细则。

本书适合作为高等职业院校计算机应用基础课程配套教材，也可供广大读者自学参考。

◆ 主　　编　吴兆明
　　责任编辑　桑　珊
　　责任印制　杨林杰

◆ 人民邮电出版社出版发行　　北京市丰台区成寿寺路 11 号
　　邮编　100164　　电子邮件　315@ptpress.com.cn
　　网址　http://www.ptpress.com.cn
　　固安县铭成印刷有限公司印刷

◆ 开本：787×1092　1/16
　　印张：8　　　　　　　　　　2015 年 8 月第 1 版
　　字数：206 千字　　　　　　2021 年 10 月河北第 15 次印刷

定价：21.00 元
读者服务热线：(010)81055256　印装质量热线：(010)81055316
反盗版热线：(010)81055315

前　言

　　《计算机应用基础实验与实训教程（Windows 7 + Office 2010）》作为与《计算机应用基础》教材相配套的实践指导用书，具有很强的针对性和可操作性，其中每个实验项目都紧扣主教材中各模块的核心内容，为掌握计算机应用核心技能提供良好的训练平台。

　　本书涵盖《全国计算机信息高新技术考试办公软件应用（Windows 7 平台）操作员级考试大纲》，同时兼顾到全国计算机等级考试（一级 MS Office）考试大纲，以 Windows 7 操作系统为基础，以 Microsoft Office 2010 为办公软件进行操作技能训练内容的编写，包括"实验指导篇""模拟实战篇"和"附录"三大部分。"实验指导篇"采用任务驱动的模式，具体分为"实验目标""实验项目""操作示范""强化训练"和"考核评价"5 个环节，"模拟实战篇"提供3 套完整的模拟试题，既可巩固实验指导篇所学的知识点，也为实训考证提供较好的实践平台；"附录"主要介绍全国计算机信息高新技术考试的相关情况、考试大纲及应试要求。

　　本书编写时，以够用、实用为原则，弱化理论，精讲操作。在层次安排上，力求降低理论难度，加大操作强度，在项目设计上，注重实用性和针对性，着重培养学生的实践操作能力。

　　本书由吴兆明任主编，由于编者水平有限，书中难免有疏漏之处，恳请读者与同行多提宝贵意见，以便再版时予以修订。

编者

2015 年 8 月

目 录 CONTENTS

3

实验指导篇

模块 1
Windows 7 管理与操作

实验一　Windows 7 系统设置与资源管理

实验目标

1. 掌握"开始"菜单的使用、任务栏属性设置及窗口基本操作。
2. 掌握控制面板中显示属性、键盘和鼠标、输入法的相关设置及新字体的安装。
3. 掌握文件与文件夹的基本概念与操作。
4. 掌握应用程序的安装与删除及磁盘碎片整理的方法。

实验项目

1. 利用"开始"菜单中的程序创建"画图"桌面快捷方式，并将其名称改为"Draw Picture"。
2. 将桌面上的所有图标按名称重新排列，并设置任务栏为自动隐藏。
3. 打开控制面板窗口，将鼠标指针放在控制面板窗口边框或角上，当鼠标指针变为双向箭头时拖曳，以改变控制面板窗口尺寸。
4. 打开资源管理器，在 C 盘的根目录文件下中建立一个名为"实验一"的文件夹。
5. 查找 C 盘中扩展名为.jpg 的文件，任意选择其中不连续的 5 个文件复制到"实验一"文件夹中。
6. 任意删除"实验一"文件夹中的 3 个文件，并清空回收站。
7. 将桌面背景设置为"纯色"的深蓝色，屏幕保护程序设置为"变幻线"。
8. 添加"微软拼音 ABC"中文输入法，删除"简体中文郑码"输入法，并安装"微软雅黑"新字体。
9. 为 Windows 7 添加"Internet 信息服务"中的"FTP 服务器"组件。
10. 对 C 盘进行磁盘碎片整理，并制订计划于每月 5 号午夜 12 点进行磁盘碎片整理。

操作示范

1. 利用"开始"菜单中的程序创建"画图"桌面快捷方式，并将其名称改为"Draw Picture"。

Step1：单击"开始"按钮，弹出"开始"菜单，选择"所有程序"程序列表，在列表中选择"附件"列表，找到"画图"应用程序。

Step2：右键单击"画图"图标，选择"发送到"→"桌面快捷方式"选项，如图 1-1 所示。此时桌面便生成了"画图"快捷方式。

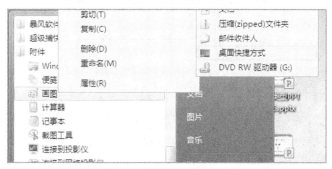

图 1-1　创建桌面快捷方式

Step3：在桌面"画图"快捷方式上单击鼠标右键，弹出快捷菜单，选择"重命名"命令，该图标下方将反白显示，输入新名称"Draw Picture"，在图标外单击鼠标或按 Enter 键即可完成更名。

2. 将桌面上的所有图标按名称重新排列，并设置任务栏为自动隐藏。

Step1：在桌面空白处单击鼠标右键，弹出快捷菜单。

Step2：选择"排列方式"→"名称"选项，即可完成桌面图标按名称重新排列，如图 1-2 所示。

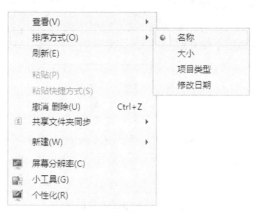

图 1-2　重新排列桌面图标

Step3：鼠标右击任务栏的空白处，从弹出的快捷菜单中选择"属性"选项，打开"任务栏和「开始」菜单属性"对话框，如图 1-3 所示。

图 1-3　任务栏的设置

Step4：在属性对话框中单击"任务栏"选项卡，选择"自动隐藏任务栏"选项，单击"确定"按钮，完成设置。

3. 打开控制面板窗口，将鼠标指针放在控制面板窗口边框或角上，当鼠标指针变为双向箭头时拖曳，以改变控制面板窗口尺寸。

Step1：单击"开始"菜单，选择"控制面板"选项，单击打开"控制面板"窗口，如图1-4所示。

Step2：将鼠标指针放在控制面板窗口边框或角上，当鼠标指针变为双向箭头时拖曳，便可根据实际需要改变控制面板窗口尺寸。

图 1-4　"控制面板"窗口

4. 打开资源管理器，在 C 盘的根目录文件下中建立一个名为"实验一"的文件夹。

Step1：右键单击"开始"菜单按钮，单击"打开 Windows 资源管理器"命令，打开"资源管理器"窗口，如图1-5所示。

图 1-5 "资源管理器"窗口

Step2： 在资源管理器左窗格中单击"本地磁盘（C:）"，右键单击右窗格空白处，在弹出的快捷菜单中选择"新建"→"文件夹"菜单项，直接在反显的"新建文件夹"处输入"实验一"，然后按回车或单击窗口任意空白处，如图 1-6 所示。

图 1-6 "新建文件夹"窗口

5. 查找 C 盘中扩展名为.jpg 的文件，任意选择其中不连续的 5 个文件复制到"实验一"文件夹。

Step1： 在资源管理器左窗格中单击"本地磁盘（C:）"，在其右窗格的右上角搜索文本框中输入"*.jpg"，然后按回车键，计算机将迅速搜索 C 盘中扩展名为.jpg 的文件，并逐一列出，如图 1-7 所示。

图 1-7 "资源管理器搜索"窗口

Step2：按住 Ctrl 键不放，用鼠标任意点取 5 个不连续的.jpg 文件，选取完毕后再松开 Ctrl 键，在其中一个文件图标上单击鼠标右键，弹出快捷菜单，单击"复制"命令，如图 1-8 所示。

图 1-8 "复制文件"快捷菜单

Step3：再次在资源管理器左窗格中单击"本地磁盘（C:）"，在其右窗格中双击"实验一"文件夹，将其打开。在"实验一"文件夹窗口空白处单击鼠标右键，弹出快捷菜单，单击"粘贴"命令，如图 1-9 所示，窗口中即出现先前复制的 5 个文件。

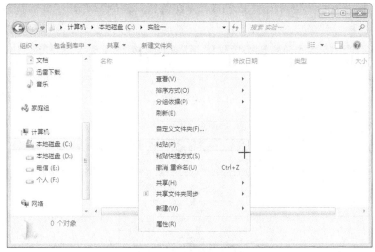

图 1-9　"粘贴文件"快捷菜单

6. 任意删除"实验一"文件夹中的 3 个文件，并清空回收站。

Step1：按住 Ctrl 键不放，用鼠标任意点取 3 个.jpg 文件，选取完毕后再松开 Ctrl 键，在其中一个文件图标上单击鼠标右键，弹出快捷菜单，单击"删除"命令，弹出"删除多个项目"对话框，如图 1-10 所示，单击"是"按钮即可删除文件。

图 1-10　"删除文件"对话框

Step2：在桌面双击"回收站"图标，打开"回收站"窗口，可以看到被删除的文件。单击左上角"清空回收站"命令，如图 1-11 所示，弹出确认对话框，单击"是"按钮，即可清空回收站。

图 1-11　"清空回收站"窗口

7. 将桌面背景设置为"纯色"的深蓝色，屏幕保护程序设置为"变幻线"。

Step1：在桌面空白处单击鼠标右键，在弹出的快捷菜单中选择"个性化"命令，打开"个性化"设置窗口，如图 1-12 所示。

Step2：单击"个性化"窗口左下方的"桌面背景"命令，打开"桌面背景"窗口。

Step3：在"桌面背景"窗口左上方"图片位置"下拉列表中选择"纯色"选项，然后选择"深蓝色"色块，单击"保存修改"按钮，如图 1-13 所示。

Step4：单击"个性化"窗口右下方的"屏幕保护程序"命令，打开"屏幕保护程序设置"对话框，在"屏幕保护程序"列表中单击"变幻线"选项，如图 1-14 所示，单击"确定"按钮即可完成设置。

图 1-12 "个性化"设置窗口

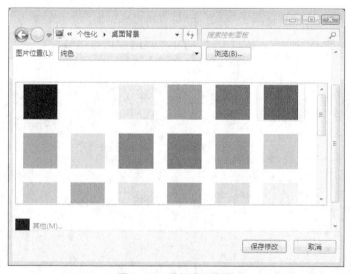

图 1-13 选择桌面背景

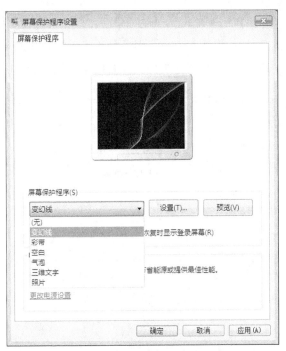

图 1-14 "屏幕保护程序设置"对话框

8. 添加"微软拼音 ABC"中文输入法，删除"简体中文郑码"输入法，并安装"微软雅黑"新字体。

Step1：打开控制面板，在类别视图中单击"时钟、语言和区域"选项，选择"区域和语言"选项按钮，打开"区域和语言"对话框，如图 1-15 所示。

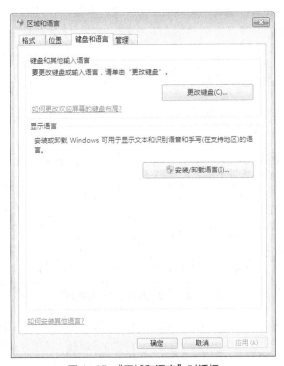

图 1-15 "区域和语言"对话框

Step2：选择"键盘和语言"选项卡，单击"更改键盘"按钮，弹出"文字服务和输入语言"对话框，单击"添加"按钮，如图 1-16 所示。勾选"微软拼音 ABC 输入风格"，单击"确定"按钮，"微软拼音 ABC"输入法即添加到已安装的输入法列表中。

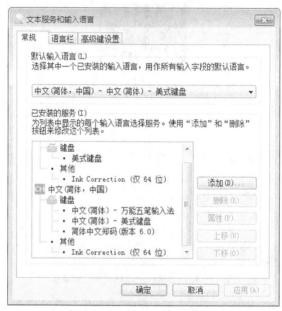

图 1-16 "文字服务和输入语言"对话框

Step3：在"文字服务和输入语言"对话框中，选中需要删除的"简体中文郑码"输入法后，单击右侧的"删除"按钮即可。

Step4：打开资源包 teaching\experiment1 文件夹，双击打开"微软雅黑.ttf"字体文件，如图 1-17 所示，单击窗口标题下方的"安装"按钮，"安装字体"窗口中的进度条结束后即可完成新字体的安装。

图 1-17 "微软雅黑.ttf"字体窗口

9. 为 Windows 7 添加"Internet 信息服务"中的"FTP 服务器"组件。

Step1：单击"开始"菜单→"控制面板"→"所有控制面板""程序和功能"选项，打开"程序和功能"窗口，如图 1-18 所示。

图 1-18　"程序和功能"窗口

Step2：单击"打开或关闭 Windows 功能"选项，弹出如图 1-19 所示"Windows 功能"向导。

图 1-19　添加 FTP 功能

Step3：在"组件"列表中勾选需要安装的组件"Internet 信息服务"下的"FTP 服务器"复选框，单击"确定"按钮，即可进行组件的安装。

10. 对 C 盘进行磁盘碎片整理，并制订计划于每月 5 号午夜 12 点进行磁盘碎片整理。

Step1：单击"开始"菜单→"所有程序"→"附件"→"系统工具"→"磁盘碎片整理程序"选项，打开"磁盘碎片整理程序"窗口，如图 1-20 所示。

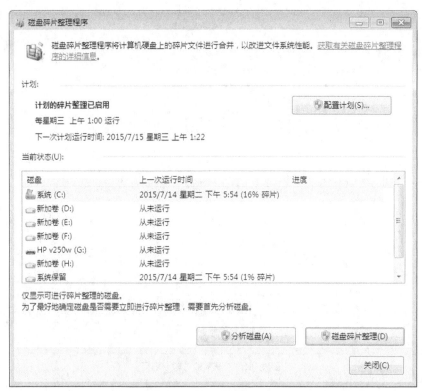

图 1-20 "磁盘碎片整理"窗口

Step2：选择 C 盘，单击"分析磁盘"按钮，等待分析结果（如果分析结果为 1%即不需要执行磁盘碎片整理），单击"磁盘碎片整理"按钮，立即开始对 C 盘进行碎片整理工作。

Step3：单击"配置计划"按钮，在弹出的"磁盘碎片整理程序：修改计划"对话框中，设置自动执行碎片整理任务的频率为"每月"、日期为"5"、时间为"上午 12：00（午夜）"和磁盘 C，如图 1-21 所示，设置完成后单击"确定"按钮。

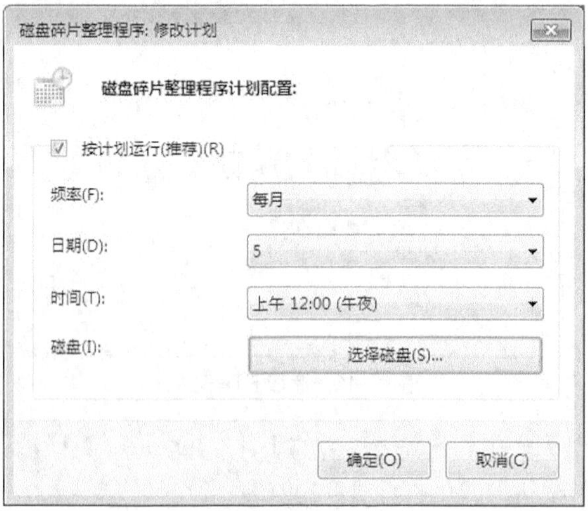

图 1-21　磁盘碎片整理计划

强化训练

1. 将任务栏显示，然后拖曳任务栏边缘，改变其大小，并将任务栏拖曳到上、下、左、右 4 个位置；锁定任务栏后，再尝试上述操作。

2. 在 C 盘的根目录文件夹下建立一个新文件夹，文件夹名为 test，在此文件夹下再建立一个新文件夹 test1 和新文本文件 test.txt。

3. 将屏幕保护程序设置为字幕"开心快乐每一天！"，启动时间为 15min。

4. 添加简体"中文双拼"输入法。

5. 使用"添加/删除程序"来卸载本地计算机某一款应用程序，如"暴风影音"等。

6. 创建一个名为"Tom"的用户账户，开启来宾账户，为 Tom 账户设置密码"njci1216"。

7. 进行磁盘清理操作，收回临时文件占用的硬盘空间。

8. 为 Windows 7 添加"RIP 侦听器"组件。

9. 把鼠标设置为左手习惯，并设置在打字时隐藏鼠标指针。

考核评价

自我评价	满意之处：					
	需提高之处：					
小组评价	优秀		良好		合格	
老师评价	优秀		良好		合格	

模块 2
Word 2010 应用

实验二　Word 文档的创建与编辑

实验目标

1. 掌握 Word 2010 文档的创建、打开及保存。
2. 掌握 Word 2010 文档的字符格式设置。
3. 掌握 Word 2010 文档的段落格式设置。

实验项目

1. 新建 Word 文档，以 A1.docx 为文件名保存至资源包 teaching\experiment2 文件夹中。

2. 将资源包 teaching\experiment2\example1.docx 文件中全部文字复制到 A1.docx 中，并将文档中所有"计算机"文本替换为"电脑"文本。

3. 将文档标题设置为黑体、二号，字符间距为加宽 4 磅，并为其添加"渐变填充–橙色，强调文字颜色 6，内部阴影"的文本效果；正文第 1 段字体设置为华文新魏、四号、倾斜，并为其添加点式下画线，其余正文部分设置为宋体、小四。

4. 将文档标题对齐方式设置为"居中"，正文部分均设置为左端对齐、首行缩进 2 字符、左右缩进为 0 字符，段落间距为段前段后 0.5 行，第 1 段行距为 1.5 倍，其余段落行距为固定值 18 磅。

5. 在"关键字"前插入特殊符号"★"，为 4 个关键字设置编号。

6. 为正文倒数第 2 段第 1 句的文本添加拼音，并设置拼音的对齐方式为居中，偏移量为 2 磅，字体为华文中宋，字号为 13 磅。

操作示范

1. 新建 Word 文档，以 A1.docx 为文件名保存至资源包 teaching\experiment2 文件夹中。

Step1：单击"开始"菜单→"所有程序"→"Microsoft Office"→"Microsoft Office Word 2010"选项，即启动 Word2010 并自动创建一个空白文档"文档 1–Microsoft Word"。

Step2：单击"快速访问工具栏"上的"保存"按钮，打开"另存为"对话框，在"保存位置"下拉列表框中，选择"…资源包 teaching\experiment2 文件夹"，在"文件名"文本框中输入"A1"，如图 2-1 所示，单击"保存"按钮，Word 2010 在保存文档时自动增加扩展名".docx"。

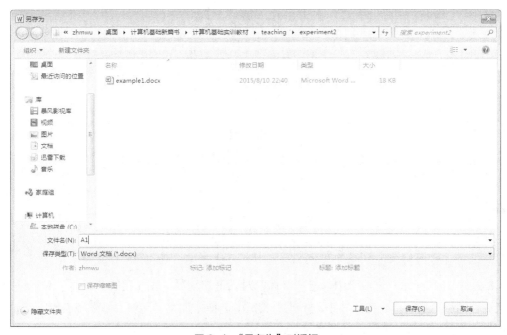

图 2-1 "另存为"对话框

2. 将资源包 teaching\experiment2\example1.docx 文件中全部文字复制到 A1.docx 中，并将文档中所有"计算机"文本替换为"电脑"文本。

Step1：打开资源包 teaching\experiment2\example1.docx 文档，将光标置于页面中的任一位置，按"Ctrl+A"组合键，即可选中文档中所有文字，然后单击鼠标右键，弹出快捷菜单，单击"复制"命令，切换至 A1.docx 文档中，单击鼠标右键弹出快捷菜单，单击"粘贴"命令，即可完成文字复制工作，关闭 example1.docx 文档。

Step2：在 A1.docx 文档中，将光标置于页面中的任一位置，在"开始"选项卡中的"编辑"组中单击"替换"按钮，弹出"查找和替换"对话框。

Step3：在"替换"选项卡的"查找内容"文本框中输入"计算机"，在"替换为"文本框中输入"电脑"，单击"更多"按钮，在"搜索"下拉列表框中选择"全部"，然后单击"全部替换"按钮，如图 2-2 所示。

Step4：文档中的所有"计算机"文本均被替换为"电脑"文本，并弹出"确认"对话框，单击该对话框中的"确定"按钮，最后关闭"查找和替换"对话框即可。执行"文件"→"保存"命令，保存当前文档。

3. 将文档标题设置为黑体、二号，字符间距为加宽 4 磅，并为其添加"渐变填充–橙色，强调文字颜色 6，内部阴影"的文本效果；正文第 1 段字体设置为华文新魏、四号、倾斜，并为其添加点式下画线，正文其余部分设置为宋体、小四。

Step1：在 A1.docx 文档中，选中标题行文本"电脑能为孩子做什么"，在"开始"选项卡中的"字体"组中"字体"下拉列表中选择"黑体"，在"字号"下拉列表中选择"二号"，如图 2-3 所示。

图 2-2 "查找和替换"对话框

图 2-3 设置字体格式

Step2：在"开始"选项卡中单击"字体"对话框启动器，在弹出的"字体"对话框中，切换到"高级"选项卡，在"间距"下拉列表框中选择"加宽"选项，然后在右侧的"磅值"微调框中选择"4 磅"选项，如图 2-4 所示。

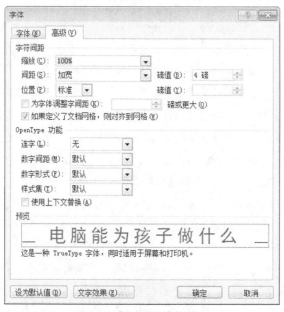

图 2-4 "字符间距"选项卡

Step3：单击"字体"组中的"文本效果"下拉按钮，在弹出的字符库中选择"渐变填充-

橙色，强调文字颜色6，内部阴影"的文本效果，如图2-5所示。

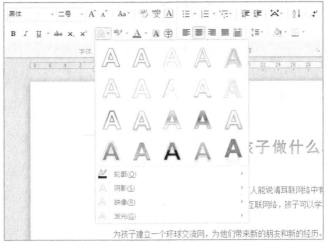

图2-5　设置文本效果

Step4：选中正文第1段，在"开始"选项卡中的"字体"组中"字体"下拉列表中选择"华文新魏"，在"字号"下拉列表中选择"四号"，单击"倾斜"按钮，单击"下画线"按钮，在打开的线型列表中选择"点式下画线"，如图2-6所示。其余正文部分设置为宋体、小四（操作步骤同上）。

图2-6　设置下画线线型

4. 将文档标题对齐方式设置为"居中"，正文部分均设置为左端对齐、首行缩进2字符、左右缩进为0字符，段落间距为段前段后0.5行，第1段行距为1.5倍，其余段落行距为固定值18磅。

Step1：在A1.docx文档中，选中标题行，在"开始"选项卡中的"段落"组中单击"居中"按钮。

Step2：单击鼠标左键并拖曳选中正文全部文字，在"开始"选项卡中单击"段落"对话框启动器，打开"段落"对话框。在"缩进和间距"选项卡中的"常规"区域"对齐方式"下拉列表中选择"左对齐"，"缩进"区域的"特殊格式"下拉列表中选择"首行缩进"，"磅值"文本框中选择或输入"2 字符","缩进"区域的"左侧""右侧"文本框中均选择"0 字符","间距"区域的"段前""段后"文本框中均选择"0.5 行",如图 2-7 所示,单击"确定"按钮。

　　Step3：选中第 1 行文本,打开"段落"对话框,在"缩进和间距"选项卡的"行距"下拉列表中选择"1.5 倍行距"选项,单击"确定"按钮。选中其余段落,打开"段落"对话框,在"行距"下拉列表中选择或输入"18 磅",单击"确定"按钮即可。

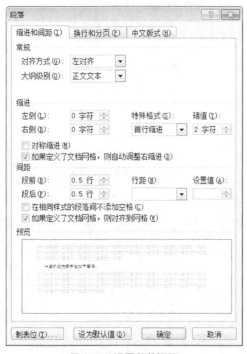

图 2-7　设置段落间距

　　5. 在"关键字"前插入特殊符号"★",为 4 个关键字设置编号。

　　Step1：将光标置于特殊符号插入点"关键字"前,单击"插入"选项卡中的"符号"下拉菜单,再选择"其他符号"命令,打开"符号"对话框,如图 2-8 所示。

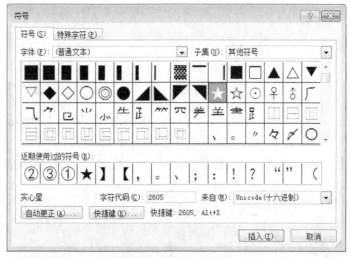

图 2-8　"符号"对话框

Step2：选择"符号"选项卡，选择字体区域中的"普通文本"、子集区域中的"其他符号"，选取"★"符号，然后单击"插入"按钮即可。

Step3：将"关键字"后面输入的 4 个关键字分为 4 段，选中该 4 段，在"段落"组中单击"项目编号"下拉按钮，打开"项目编号"窗口，选择"编号库"中相应的编号，如图 2-9 所示。

图 2-9　"项目编号"窗口

6. 为正文倒数第 2 段第 1 句的文本添加拼音，并设置拼音的对齐方式为居中，偏移量为 2 磅，字体为华文中宋，字号为 13 磅

Step1：选中倒数第 2 段第 1 句的全部文本，在"开始"选项卡中的"字体"组中单击"拼音指南"按钮。

Step2：在弹出的"拼音指南"对话框中的"对齐方式"下拉列表中选择"居中"选项，在"偏移量"文本框中选择或输入"2"磅，在"字体"下拉列表中选择"华文中宋"，在"字号"文本框中输入"13"磅，如图 2-10 所示，单击"确定"按钮，即可完成对文本的拼音添加。

图 2-10　"拼音指南"对话框

强化训练

打开文档资源包 teaching\experiment2\example2.docx，按下列要求设置、编排文档。

1. 将文档标题的字体设置为华文彩云，字号为小初，并为其添加"填充-橙色，强调文字颜色 6，渐变轮廓-强调文字颜色 6"的文本效果。

2. 将正文第 1 段字体设置为仿宋，字号为四号，字形为倾斜。

3. 将正文其余段落的字体设置为华文细黑，字号为小四，并为"普遍性""方便性""整体性""安全性""协调性"添加双下画线。

4. 将文档标题居中对齐。

5. 将正文第 1~6 段的首行缩进 2 个字符，段落间距设置为段前 0.5 行，段后 0.5 行，行距为 1.5 倍行距。

6. 将正文第 7~11 段设置为悬挂缩进 4 个字符，并设置行距为固定值 20 磅。

7. 将文档中所有"定义"文本替换为"概念"文本。

8. 为"普遍性""方便性""整体性""安全性""协调性"添加项目符号"◆"。

考核评价

自我评价	满意之处：					
	需提高之处：					
小组评价	优秀		良好		合格	
老师评价	优秀		良好		合格	

实验三　Word 文档的美化与排版

实验目标

1. 掌握 Word 2010 文档的页面设置方法。
2. 掌握 Word 2010 艺术字的编辑方法。
3. 掌握 Word 2010 图片的插入与编辑。
4. 掌握 Word 2010 分栏格式的设置方法。
5. 掌握 Word 2010 边框和底纹的设置方法。
6. 掌握 Word 2010 页眉和页脚、脚注或尾注的设置方法。

实验项目

打开文档资源包 teaching\experiment3\example3.docx，按下列要求美化、编排文档。

1. 页面设置：自定义纸型宽为 20 厘米、高为 29 厘米；页边距为上、下各 2.5 厘米，左、右各 3 厘米，纸张方向为"纵向"。

2. 艺术字：设置标题文本"人类优先开发的五种新能源"为艺术字。艺术字式样为"渐变填充–蓝色，强调文字颜色 1"；字体为华文行楷，字号为一号；环绕方式为嵌入型；添加映像变体中的"紧密映像，8pt 偏移量"和"转换–弯曲–停止"的文本效果。

3. 分栏：将正文 2～6 段设置为三栏格式，第 1 栏栏宽为 8 字符，第 2 栏栏宽为 12 字符，间距为 2.02 字符，加分隔线。

4. 边框和底纹：为正文第 1 段添加双波浪线边框，并填充底纹为图案样式 10%。

5. 图片：在"风能……占总电力的 30%左右。"段落尾部位置插入图片：PIC3–1.jpg，图片缩放为 30%；环绕方式为紧密型，并为图片添加"剪裁对角线，白色"的外观样式。

6. 脚注和尾注：为正文第 1 段中第 1 个"核电站"添加加粗下画线，插入尾注"核电站：就是利用一座或若干座动力反应堆产生的热能来发电或发电兼供热的动力设施"。

7. 页眉和页脚：页眉的最左侧为"新能源"，最右侧为"第页"，在"第页"中间插入页码，并设置相应字体格式为华文行楷，字号为 10 号，加粗。

操作示范

启动 Word2010，单击"文件"→"打开"命令，打开资源包 teaching\experiment3 文件夹中的 example3.docx 文档。

1. 页面设置：自定义纸型宽为 20 厘米、高为 29 厘米；页边距为上、下各 2.5 厘米，左、右各 3 厘米，纸张方向为"纵向"。

Step1：切换至"页面布局"选项卡，单击"页面设置"对话框启动器，打开"页面设置"对话框，在"页边距"选项卡的"页边距"选项组中的"上""下""左""右"文本框中分别输入数值"2.5 厘米""2.5 厘米""3 厘米""3 厘米"，设置纸张方向为"纵向"，如图 3–1 所示。

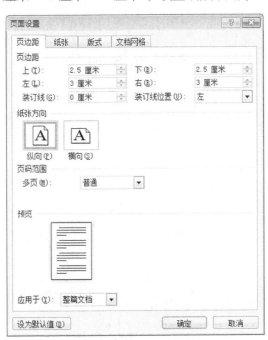

图 3-1 "页边距"设置对话框

Step2： 在"页面设置"对话框中选择"纸张"选项卡，在"纸张大小"下拉列表中选择"自定义大小"，设置宽为 20 厘米、高为 29 厘米，如图 3-2 所示，然后单击"确定"按钮。

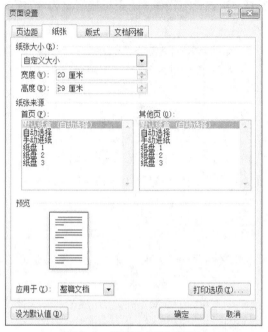

图 3-2 "纸张"设置对话框

2. 艺术字：设置标题文字"人类优先开发的五种新能源"为艺术字。艺术字式样为"渐变填充-蓝色，强调文字颜色 1"；字体为华文行楷，字号为一号；环绕方式为嵌入型；添加映像变体中的"紧密映像，8pt 偏移量"和"转换-弯曲-停止"的文本效果。

Step1： 选择标题"人类优先开发的五种新能源"，单击"插入"选项卡"文本"组中的"艺术字"下拉菜单，在式样中选择"渐变填充-蓝色，强调文字颜色 1"，如图 3-3 所示。

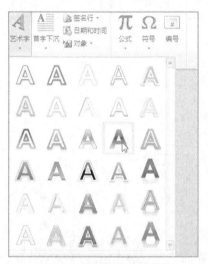

图 3-3 艺术字式样选择

Step2：选择新插入的艺术字，在"开始"选项卡中的"字体"下拉列表中选择"华文行楷"，"字号"项中选择"一号"。

Step3：选中艺术字，单击菜单栏中艺术字自动生成的"绘图工具"选项卡，在其工具栏中单击"自动换行"，在其下拉菜单中选择"嵌入型"，如图 3-4 所示。

Step4：在"绘图工具"工具栏中选择"文本效果"下拉列表中的"映像"中的"紧密映像，8pt 偏移量"，如图 3-5 所示。

图 3-4　艺术字环绕方式设置

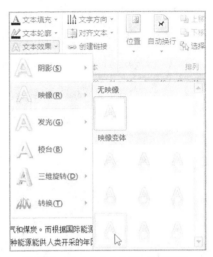
图 3-5　艺术字文本效果-映像设置

Step5：在"绘图工具"工具栏中选择"文本效果"下拉列表中的"转换"中的"弯曲—停止"，如图 3-6 所示，最终效果如图 3-7 所示。

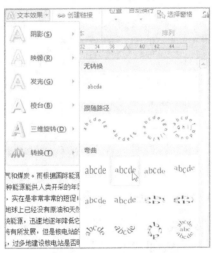
图 3-6　艺术字文本效果—转换设置

图 3-7　"艺术字"最终效果图

3. 分栏：将正文 2~6 段设置为三栏格式，第 1 栏栏宽为 8 字符，第 2 栏栏宽为 12 字符，间距为 2.02 字符，加分隔线。

Step1：选择正文第 2~6 段文本（不包含最后一段回车符），单击菜单栏中的"页面布局"选项卡，在"页面设置"组中单击"分栏"，选择"更多分栏"，打开"分栏"对话框。

Step2：在打开的"分栏"对话框中的"预设"中选择"三栏"，去除"宽度和间距"组中"栏宽相等"复选框中的"✓"，然后在第 1 栏"宽度"文本框中输入"8 字符"，第 2 栏"宽度"文本框中输入"12 字符"，间距文本框中输入"2.02 字符"，勾选"分隔线"前面的复选框，如图 3-8 所示，单击"确定"按钮，最终效果如图 3-9 所示。

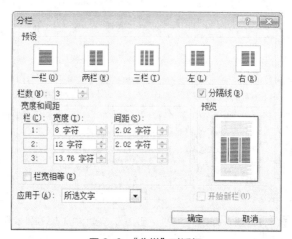

图 3-8 "分栏"对话框

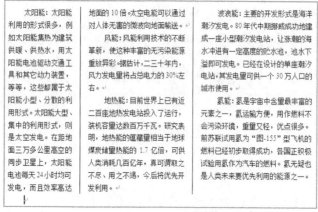

图 3-9 "分栏"最终效果图

4. 边框和底纹：为正文第 1 段添加双波浪线边框，并填充底纹为图案样式 10%

Step1：选择正文第 1 段，单击菜单栏中的"页面布局"选项卡，在"页面背景"组中单击"页面边框"，打开"边框和底纹"对话框。

Step2：切换至"边框"选项卡，在左侧"设置"栏中选择"方框"，"样式"中选择"双波浪线"，"宽度"默认为"0.75 磅"，"应用于"选择"段落"，如图 3-10 所示。

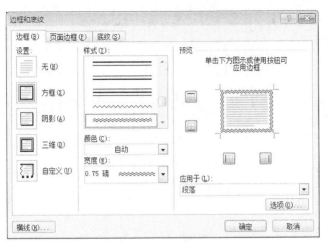

图 3-10 "边框与底纹"对话框

Step3：切换至"底纹"选项卡，"填充"项默认为"无颜色"，在"图案"的"样式"中选择"10%"，"应用于"选择"段落"，如图 3-11 所示，最后单击"确定"按钮，效果如图 3-12 所示。

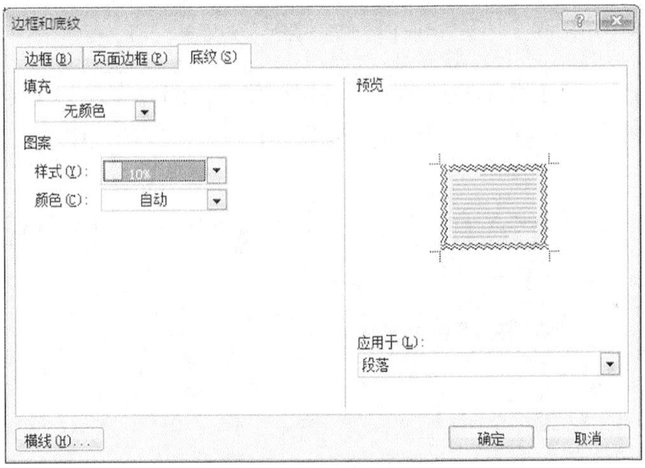

图 3-11 底纹设置

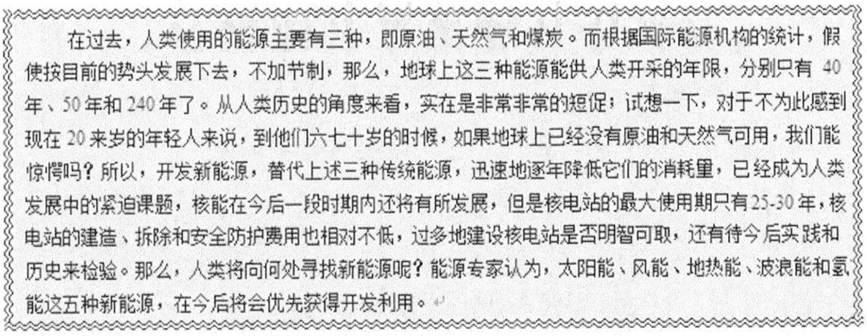

在过去，人类使用的能源主要有三种，即原油、天然气和煤炭。而根据国际能源机构的统计，假使按目前的势头发展下去，不加节制，那么，地球上这三种能源能供人类开采的年限，分别只有 40 年、50 年和 240 年了。从人类历史的角度来看，实在是非常非常的短促！试想一下，对于不为此感到现在 20 来岁的年轻人来说，到他们六七十岁的时候，如果地球上已经没有原油和天然气可用，我们能惊愕吗？所以，开发新能源，替代上述三种传统能源，迅速地逐年降低它们的消耗量，已经成为人类发展中的紧迫课题，核能在今后一段时期内还将有所发展，但是核电站的最大使用期只有 25-30 年，核电站的建造、拆除和安全防护费用也相对不低，过多地建设核电站是否明智可取，还有待今后实践和历史来检验。那么，人类将向何处寻找新能源呢？能源专家认为，太阳能、风能、地热能、波浪能和氢能这五种新能源，在今后将会优先获得开发利用。

图 3-12 "边框与底纹"设置效果图

5. 图片：在"风能……占总电力的 30%左右。"段落尾部位置插入图片：PIC3-1.jpg，图片缩放为 30%；环绕方式为紧密型，并为图片添加"剪裁对角线，白色"的外观样式。

Step1：把光标定位于在"风能……占总电力的 30%左右。"段落尾部，单击"插入"选项卡中"插图"组的"图片"，打开"插入图片"对话框，找到文件资源包 teaching\experiment3\ PIC3-1.jpg，单击"插入"按钮，如图 3-13 所示。

图 3-13 "插入图片"对话框

Step2：选中图片，单击菜单栏"图片工具"选项卡中的"格式"，单击"大小"组对话框启动器，打开"布局"对话框，在"大小"选项卡的"缩放"选项中输入"30%"，如图 3-14 所示。

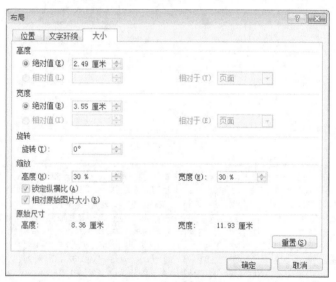

图 3-14 设置图片大小

Step3：在打开的"布局"对话框中，切换至"文字环绕"选项卡，在"环绕方式"组中选择"紧密型"，如图 3-15 所示，然后单击"确定"按钮。

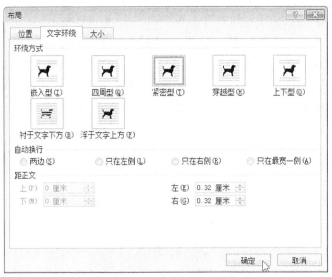

图 3-15　设置文字环绕方式

Step4：单击菜单栏"图片工具"选项卡中的"格式"项，在"图片样式"组中选择"剪裁对角线，白色"的外观样式，如图 3-16 所示。

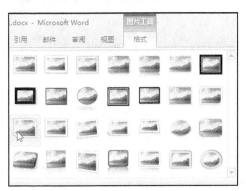

图 3-16　设置图片样式

Step5：选择图片，利用鼠标和键盘方向键移动调整图片的位置，最终效果如图 3-17 所示。

图 3-17　插入图片最终效果

6. 脚注和尾注：为正文第 1 段中第 1 个"核电站"添加加粗下画线，插入尾注"核电站：就是通过利用一座或若干座动力反应堆产生的热能来发电或发电兼供热的动力设施"。

Step1：选中正文第 1 段中第 1 个"核电站"文本，单击"开始"选项卡中"字体"组的"下画线"下拉列表中的"粗线"选项，即为"核电站"完成加粗下画线的添加。

Step2：选中"核电站"文本，单击菜单栏"引用"选项卡中"脚注"组中的"插入尾注"，如图 3-18 所示，然后在文档底部光标所在处输入文本"核电站：就是通过利用一座或若干座动力反应堆产生的热能来发电或发电兼供热的动力设施"，效果如图 3-19 所示。

图 3-18　插入尾注

核电站：就是利用一座或若干座动力反应堆产生的热能来发电或发电兼供热的动力设施

图 3-19　插入尾注最终效果

7. 页眉和页脚：页眉的最左侧为"新能源"，最右侧为"第页"。在"第页"中间插入页码，并设置相应字体格式为华文行楷，字号为 10 号，加粗。

Step1：单击"插入"选项卡，单击"页眉和页脚"组中的"页眉"下拉菜单，如图 3-20 所示。

图 3-20　页眉设置

Step2：在"页眉"下拉菜单"内置"中选择"空白（三栏）"，单击最左侧文本，使其处于选中状态，输入"新能源"，删除中间文本，在最右侧输入"第页"。

Step3：把光标定位在"第页"文本中间，单击"页眉和页脚"组中的"页码"下拉菜单，选择"当前位置"，在"简单"选项下选择"普通数字 1"，如图 3-21 所示。

图 3-21　插入页码

Step4：选中页眉文本，按字体要求设置为华文行楷，字号为 10 号，加粗，单击"页眉和页脚"工具栏中的"关闭"按钮，效果如图 3-22 所示。

图 3-22　页眉设置最终效果

强化训练

打开文档资源包 teaching\experiment2\example4.docx，按下列要求设置、编排文档。

1. 页面设置：自定义纸型宽度为 21 厘米，高度为 28 厘米；页边距为上、下各 2.5 厘米，左、右各 3 厘米。

2. 艺术字：设置标题"诗歌的由来"为艺术字，艺术字式样为"填充-红色，强调文字颜色 2，暖色粗糙棱台"；字体为黑体，字号为 48 磅；环绕方式为嵌入型；添加"红色，8pt 发光，强调文字颜色 2"的发光文本效果。

3. 分栏：将正文第 2 段起至最后一段设置为两栏格式，预设偏左。

4. 边框和底纹：为正文第 2 段设置底纹，图案样式为浅色棚架，颜色为淡蓝色；为正文第 1 段设置上下边框线，线型为双波浪线。

5. 图片：在正文第 4 段中插入图片：PIC3-2.jpg；环绕方式设为紧密型，图片缩放为 80%。

6. 脚注和尾注：为正文第 2 段第 7 行"闻一多"添加双下画线，插入尾注"闻一多：（1899.11.24-1946.7.15）原名闻家骅，号友三，生于湖北浠水。"。

7. 页眉和页脚：页眉的最左侧为"第页"，在"第页"中间插入页码，并设置相应字体格式为黑体，字号为 10 号，最右侧为"上下五千年"。

考核评价

自我评价	满意之处：				
	需提高之处：				
小组评价	优秀		良好		合格
老师评价	优秀		良好		合格

实验四　Word 文档的表格制作与邮件合并

实验目标

1. 掌握 Word 2010 文档中表格的创建方法。
2. 掌握 Word 2010 文档中表格自动套用格式的应用。
3. 掌握 Word 2010 文档中表格行、列的修改和单元格合并、拆分操作。
4. 掌握 Word 2010 文档中表格格式和边框设置。
5. 掌握 Word 2010 文档中邮件合并操作。
6. 掌握 Word 2010 文档中文本与表格间相互转换的方法。

实验项目

打开资源包 teaching\experiment4 文件夹中的 example4.docx 文档，按下列要求操作。

1. 创建表格并自动套用格式：将光标置于文档开头处，创建一个 6 行 6 列的表格，并为新创建的表格自动套用"彩色网络-强调文字颜色 2"的表格样式。

2. 表格行和列的操作：将"学历"一列与"年龄"一列位置互换；在表格最下方插入一个新行，在该行最左端单元格中输入"E-mail"；设置"姓名"所在列的宽度为 2.1 厘米，将其余各列平均分布。

3. 合并或拆分单元格：将"工作单位"右侧的 3 个单元格合并为一个单元格；将"职业"右侧单元格合并为一个单元格；将"E-mail"后的所有单元格合并为一个单元格。

4. 表格格式：将表格中各单元格对齐方式设置为中部居中，所有带文本的单元格底纹设置为橙色（RGB：255，100，0），所有空白单元格底纹设置为天蓝色（RGB：200，255，255）。

5. 表格边框：将表格外边框线设置为 0.75 磅的双实线，所有内部框线设置为 1 磅的单实线；

6. 邮件合并：以资源包 teaching\experiment4 文件夹中的 data.xlsx 为数据源，对 example5.docx 文档进行邮件合并，将邮件合并结果以文件名 mail.docx 保存至资源包 teaching\experiment4 文件夹中。

7. 文本与表格间的相互转换：参照样章，将资源包 teaching\experiment4\example6.docx 文档中"宏发公司上半年各部门销售情况表"下的表格转换成文本，文字分隔符为制表符。

操作示范

启动 Word 2010，单击"文件"→"打开"命令，打开资源包 teaching\experiment4 文件夹中的 example4.docx 文档。

1. 创建表格并自动套用格式：将光标置于文档开头处，创建一个 6 行 6 列的表格，并为新创建的表格自动套用"彩色网络-强调文字颜色 2"的表格样式。

Step1：将光标定位在文档开头处，在"插入"选项卡中的"表格"组中单击"表格"按钮，在打开的下拉列表中单击"插入表格…"命令，如图4-1所示。

Step2：弹出"插入表格"对话框，在"列数"文本框中输入"6"，在"行数"文本框中输入"6"，如图4-2所示，单击"确定"按钮。

图4-1　插入表格

图4-2　设置表格行列

Step3：选中已插入的表格，打开"表格工具"的"设计"选项卡，在"表格样式"组中单击"表格样式"右侧的"其他"按钮，在打开的列表框中"内置"区域中选择"彩色网络-强调文字颜色2"的表格样式，如图4-3所示。

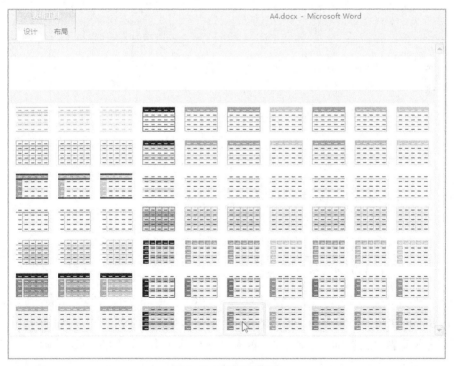

图4-3　设置表格样式

2. 表格行和列的操作：将"学历"一列与"年龄"一列位置互换；在表格最下方插入一个新行，在该行最左端单元格中输入"E-mail"；设置"姓名"所在列的宽度为 2.1 厘米，将其余各列平均分布。

Step1：将鼠标移至"学历"所在列的上方，当鼠标指针变成垂直向下指的箭头时，单击即可选中该列。单击鼠标右键，在弹出的快捷菜单中选择"剪切"命令，将内容暂存于剪贴板中。

Step2：用同样办法选中"年龄"所在列，用鼠标将其拖曳至前一列相应位置，即可实现该列的移动，如图 4-4 所示。

图 4-4　选中列的移动

Step3：选中最后一列，单击鼠标右键，在弹出的快捷菜单中单击"粘贴选项"命令下的"插入为新列"按钮，如图 4-5 所示，将剪贴板中的内容粘贴至前一列中，即可实现互换。

Step4：将鼠标移至"通讯地址"所在行的左侧，当鼠标指针指向右上角时，单击即可选中该行。单击鼠标右键，在弹出的快捷菜单中单击"插入"命令下的"在下方插入行"，如图 4-6 所示，即可在指定位置插入新行。

图 4-5　粘贴内容　　　　　　　　　　　　　　图 4-6　插入新行

Step5：将光标置于最后一行第 1 列中，输入"E-mail"。选中"姓名"所在列，单击鼠标右键，在弹出的快捷菜单中单击"表格属性…"命令，弹出"表格属性"对话框，切换至"列"选项卡，在指定宽度文本框中输入"2.1 厘米"，如图 4-7 所示，然后单击"确定"按钮。

图 4-7　设置列宽

Step6：选中除第 1 列以外的所有列，单击鼠标右键，在弹出的快捷菜单中单击"平均分布各列"命令，即可完成。

3. 合并或拆分单元格：将"工作单位"右侧的 3 个单元格合并为一个单元格；将"职业"右侧单元格合并为一个单元格；将"E-mail"后的所有单元格合并为一个单元格

Step1：通过鼠标拖动选中"工作单位"右侧的 3 个单元格，单击鼠标右键，在弹出的快捷菜单中单击"合并单元格"命令，即可合并为一个单元格。

Step2：使用同样的办法，完成"职业"右侧单元格和"E-Mail"后的所有单元格的合并，合并后的效果如图 4-8 所示。

《新家庭》杂志社会员回执表

姓名		性别		年龄		学历	
工作单位				职业			
通讯地址		邮编		电话		卡号	
E-mail							

图 4-8　合并单元格后的效果

4. 表格格式：将表格中各单元格对齐方式设置为中部居中，所有带文本的单元格底纹设置为橙色（RGB：255，100，0），所有空白单元格底纹设置为天蓝色（RGB：200，255，255）。

Step1：单击左上角表格标志，选中整个表格，单击鼠标右键，在弹出的快捷菜单中单击"单元格对齐方式"命令下的"水平居中"按钮，如图 4-9 所示，即可实现将所有单元格中部居中。

Step2：按"Ctrl"键，用鼠标 2 击所有带文本的单元格，单击鼠标右键，在弹出的快捷菜单中选择"边框与底纹"命令，弹出"边框与底纹"对话框。切换至"底纹"选项卡，单击"填充"下拉列表中的"其他颜色"命令，如图 4-10 所示，弹出"颜色"对话框。

图 4-9　设置单元格"中部居中"

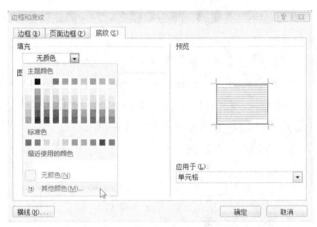

图 4-10　"边框与底纹"对话框

Step3：在弹出的"颜色"对话框中，单击"自定义"选项卡，在"颜色模式"下拉列表中选择"RGB"，在"红色"微调框中输入"255"，在"绿色"微调框中输入"100"，在"蓝色"微调框中输入"0"，如图 4-11 所示，单击"确定"按钮。

图 4-11　设置颜色

Step4： 同样的办法，选中所有空白单元格，设置其底纹为天蓝色（RGB：200，255，255），效果如图 4-12 所示。

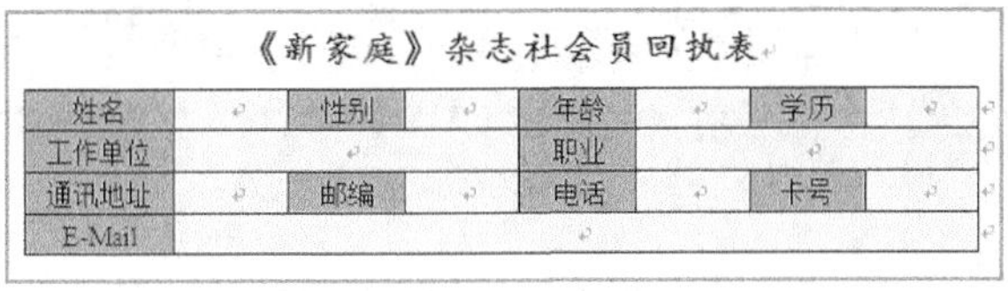

图 4-12 设置单元格底纹后的效果

5. 表格边框：将表格外边框线设置为 0.75 磅的双实线，所有内部框线设置为 1 磅的单实线。

Step1： 选中整个表格，单击鼠标右键，在弹出的快捷菜单中单击"边框与底纹"命令，弹出"边框与底纹"对话框。切换至"边框"选项卡，在"样式"下拉列表中选择"双实线"，在"宽度"下拉列表中选择"0.75 磅"，然后单击"设置"区域的"方框"按钮，如图 4-13 所示。

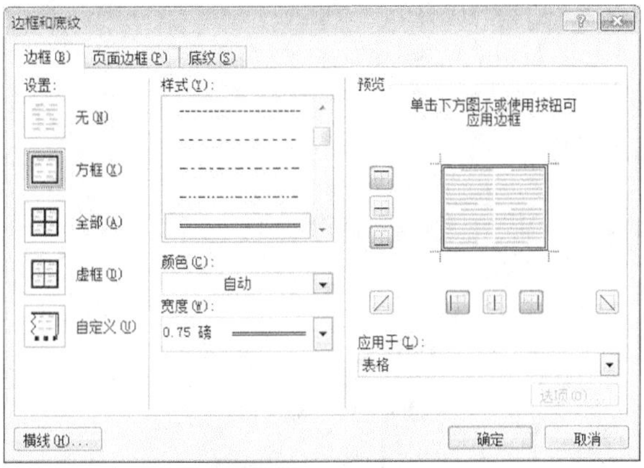

图 4-13 设置外边框

Step2： 单击"设置"区域的"自定义"按钮，在"样式"下拉列表中选择"单实线"，在"宽度"下拉列表中选择"1 磅"，然后单击右侧预览区域表格旁边的两个中间线按钮（或在示意表格中心位置单击），此时示意表格中出现内部框线，如图 4-14 所示，再单击"确定"按钮即可完成，效果如图 4-15 所示。

图 4-14 设置内边框

《新家庭》杂志社会员回执表

姓名		性别		年龄		学历		
工作单位				职业				
通讯地址		邮编		电话		卡号		
E-Mail								

图 4-15　设置内外边框后的效果

6．邮件合并：以资源包 teaching\experiment4 文件夹中的 data.xlsx 为数据源，对 example5.docx 文档进行邮件合并，将邮件合并结果以文件名 mail.docx 保存至资源包 teaching\experiment4 文件夹中。

Step1：在 Word 2010 中打开文档资源包 teaching\experiment4 文件夹中的 example5.docx，单击"邮件"选项卡，再单击"开始邮件合并"组中的"开始邮件合并"按钮，在展开的下拉列表中选择"信函"，如图 4-16 所示。

图 4-16　邮件合并

Step2：单击该组中"选择收件人"按钮，在展开的下拉列表中选择"使用现有列表…"选项，如图 4-17 所示，弹出"选取数据源"对话框。

图 4-17　选择收件人

Step3：在"选取数据源"对话框中选择资源包 teaching\experiment4 文件夹中的 data.xlsx 文件，单击"打开"按钮，弹出"选择表格"对话框，选择"Sheet1"工作表，如图 4-18 所示，单击"确定"按钮。

Step4：将光标定位在"学号"后面，在"邮件"选项卡中的"编写和插入域"中单击"插入合并域"的下拉按钮，然后从下拉列表中选择"学号"，利用同样的办法依次将"高等数学"、"大学语文"等各个域插入到相应的位置。

Step5："插入合并域"操作完成后，利用预览功能检查核对邮件内容无误后，在"邮件"

选项卡的"完成"组中单击"完成并合并"按钮，在下拉列表中单击"编辑单个文档"命令，如图 4-19 所示。

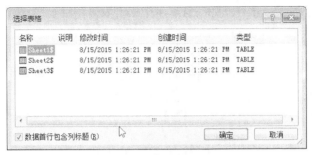

图 4-18　获取数据源

图 4-19　"完成并合并"界面

Step6：弹出"合并到新文档"对话框，在此对话框中选择"全部"单选项，如图 4-20 所示，然后单击"确定"按钮，即可完成邮件合并操作，并会自动生成新文档"信函 1"。

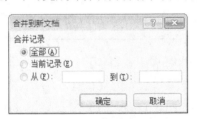

图 4-20　"合并到新文档"对话框

Step7：在"信函 1"中，单击"文件"菜单，执行"另存为"命令，在弹出的"另存为"对话框中的"保存位置"列表选择相应的路径，输入文件名"mail.docx"，单击"保存"按钮即可完成。

7. 文本与表格间的相互转换：参照样章，将资源包 teaching\experiment4\example6.docx 文档中"宏发公司上半年各部门销售情况表"下的表格转换成文本，文字分隔符为制表符。

Step1：打开资源包 teaching\experiment4\example6.docx 文档，将光标移至表格左上方，单击表格标志，选中整个表格，文档菜单栏中出现"表格工具"菜单栏，如图 4-21 所示。

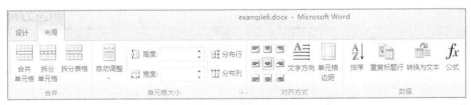

图 4-21　"表格工具"菜单栏

Step2：单击"布局"选项卡中的"数据"组里的"转换为文本"按钮，出现"表格转换成文本"对话框，选中"制表符"单选按钮，如图4-22所示，单击"确定"按钮。当转换成的文本处于选中状态时，单击"开始"选项卡中的"段落"组里的"居中"按钮，效果如样章.jpg所示。

图4-22 "表格转换成文本"对话框

强化训练

打开资源包teaching\experiment4文件夹中的example7.docx文档，按下列要求操作。

1. 创建表格并自动套用格式：将光标置于文档第1行，创建一个4行4列的表格，并为新创建的表格自动套用"浅色网络—强调文字颜色5"的表格样式。

2. 表格行和列的操作：删除"报销金额"下方的一行（空行），将"会计"与"用途说明"两行位置互换。

3. 合并或拆分单元格：将"用途说明"后方的三个单元格合并为一个单元格。

4. 表格格式：将"购买奥克斯空调一台"所在单元格的对齐方式设置为中部两端对齐，其余各单元格对齐方式设置为中部居中；将单元格中的字体设置为黑体、小四；将前两行的底纹设置为浅青绿，将剩余行的底纹设置为宝石蓝。

5. 表格边框：将表格外边框线设置为深蓝色的三实线，将内边框设置为粉红色的点画线。

6. 邮件合并：以资源包 teaching\experiment4 文件夹中的 data2.xlsx 为数据源，对example8.docx 文档进行邮件合并，将邮件合并结果以文件名 mail2.docx 保存至资源包teaching\experiment4文件夹中。

7. 文本与表格间的相互转换：打开资源包teaching\experiment4\example9.docx文档，将"2010年自来水公司员工登记表"下的文本转换成5列8行的表格形式，列宽为固定值2厘米，文字分隔位置为制表符；为表格自动套用"深色列表—强调文字颜色4"的表格样式，表格对齐方式为居中。

考核评价

自我评价	满意之处：					
	需提高之处：					
小组评价	优秀		良好		合格	
老师评价	优秀		良好		合格	

PART 3

模块 3
Excel 2010 应用

实验五　数据表制作与统计分析

实验目标

1. 掌握工作表的复制、移动与重命名。
2. 掌握单元格的格式设置。
3. 掌握工作表的行、列基本操作。
4. 掌握表格边框线与底纹设置的方法。
5. 掌握工作表标签颜色设置与批注插入；
6. 掌握工作表中的数据查找与替换。
7. 掌握工作表中公式及函数的使用。

实验项目

打开资源包 teaching\experiment5 文件夹中的 example1.xlsx 文件，并按下列要求操作。

1. 将 Sheet1 工作表中的所有内容复制到 Sheet2 工作表中，并将 Sheet2 工作表重命名为 "儿童发育调查表"，将此工作表标签的颜色设置为标准色中的"深红色"。

2. 将资源包 teaching\experiment5 文件夹中 example2.xlsx 工作簿的工作表"销售统计表"复制到 example1.xlsx 工作簿中，放至"儿童发育调查表"之后。

3. 在"儿童发育调查表"工作表中，将"2 月"一行移至"3 月"一行的上方，将"G"列（空列）删除；将表格第 1 列（B 列）的宽度设置为 11，并自动调整整个表格的行高。

4. 在"儿童发育调查表"工作表中，将单元格区域 B2∶J2 合并后居中，设置字体为华文行楷、24 磅、天蓝色（RGB：180，220，230），并为其填充深紫色（RGB：85，65，105）底纹；将单元格区域 B3∶B5、C3∶F3、G3∶J3 均设置为合并后居中格式；将单元格区域 B3∶J5 的字体设置为方正姚体、14 磅，并为其填充淡紫色（RGB：205，190，220）底纹；将单元格区域 B6∶J13 的对齐方式设置为水平居中，字体为华文行楷、14 磅、白色，并为其填充紫色的底纹。

5. 在"儿童发育调查表"工作表中，将单元格区域 B2：J2 的外边框设置为黑色的粗实线；将单元格区域 B3：J13 除上边框之外的外边框线设置为深蓝色的粗实线，内边框线设置为黄色的细实线。

6. 在"儿童发育调查表"工作表中，为 60.00（E10）单元格插入批注"此处数据有误，请核实。"在表格的下方插入图片资源包 teaching\experiment5\pic5-1.jpg，并为其应用"艺术装饰"的图片效果。

7. 在"销售统计表"工作表中查找出所有的数值"4863"，并将其全部替换为"4835"，并应用函数公式计算出"总计"和"平均值"，将结果填写在相应的单元格中。

操作示范

启动 Excel 2010，单击"文件"→"打开"命令，打开资源包 teaching\experiment5 文件夹中的 example1.xlsx 文件。

1. 将 Sheet1 工作表中的所有内容复制到 Sheet2 工作表中，并将 Sheet2 工作表重命名为"儿童发育调查表"，将此工作表标签的颜色设置为标准色中的"深红色"

Step1：在 Sheet1 工作表中，按"Ctrl+A"组合键，选中整张工作表，单击鼠标右键弹出快捷菜单，选择"复制"，切换至 Sheet2 工作表，选中左上角的 A1 单元格，单击鼠标右键弹出快捷菜单，选择"粘贴"。

Step2：在 Sheet2 工作表的标签上单击鼠标右键，在弹出的快捷菜单中单击"重命名"命令，如图 5-1 所示，输入"儿童发育调查表"，再次单击鼠标右键标签，在弹出的快捷菜单中选择"工作表标签颜色"命令，在自动弹出界面的标准色中选择"深红"色，如图 5-2 所示。

图 5-1 "重命名"快捷菜单

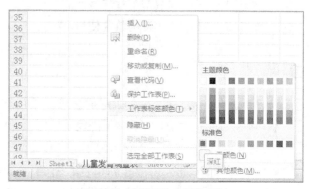

图 5-2 设置工作表标签颜色

2. 将资源包 teaching\experiment5 文件夹中 example2.xlsx 工作簿的工作表"销售统计表"复制到 example1.xlsx 工作簿中，放至"儿童发育调查表"之后。

Step1：双击打开资源包 teaching\experiment5 文件夹中的 example2.xlsx 文件，在工作表"销售统计表"标签上右击，在弹出的快捷菜单中单击"移动或复制..."命令，弹出"移动或复制工作表"对话框。

Step2：在弹出的"移动或复制工作表"对话框中，在"工作簿"下拉列表中选择"example1.xlsx"，在"下列选定工作表之前"列表框中选择"Sheet3"，在"建立副本"复选框中打"✓"，如图 5-3 所示，单击"确定"按钮。切换至 example1.xlsx 工作簿，发现工作表"销售统计表"已被复制在其中。

图 5-3 "移动或复制工作表"对话框

3. 在"儿童发育调查表"工作表中，将"2 月"一行移至"3 月"一行的上方，将"G"列（空列）删除；将表格第 1 列（B 列）的宽度设置为 11，并自动调整整个表格的行高。

Step1：在"儿童发育调查表"工作表中，将鼠标移至左侧行号"8"上，当光标变为水平向右箭头时单击，选中"2 月"整行，右键单击该行，在弹出的菜单中选择"剪切"命令。

Step2：使用同样的办法选中"3 月"整行，右键单击该行，弹出快捷菜单，选择"插入剪切的单元格"命令，如图 5-4 所示，即可完成行的移动。

图 5-4 移动"行"操作

Step3：将鼠标移至列号"G"上，当光标变为垂直向下箭头时单击，选中"G"整列，右键单击该行，弹出快捷菜单，选择"删除"命令，即可完成空列的删除。

Step4：使用同样的办法选中"B"整列，右键单击该行，弹出快捷菜单，选择"列宽…"命令，弹出"列宽"对话框，在其文本框中输入"11"，如图 5-5 所示，单击"确定"按钮。

图 5-5 "列宽"对话框

Step5：单击行号和列标交叉处（最左上角方块），选中整个工作表。在"开始"选项卡的"单元格"组中单击"格式"按钮，弹出下拉菜单，单击"自动调整行高"选项，如图 5-6 所示，即可完成整个表格行高的自动调整。

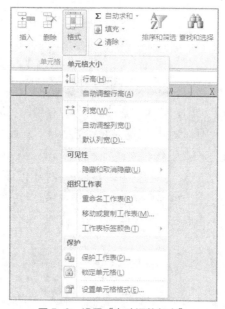

图 5-6 设置"自动调整行高"

4. 在"儿童发育调查表"工作表中，将单元格区域 B2：J2 合并后居中，设置字体为华文行楷、24 磅、天蓝色（RGB：180，220，230），并为其填充深紫色（RGB：85，65，105）底纹；将单元格区域 B3：B5、C3：F3、G3：J3 均设置为合并后居中格式；将单元格区域 B3：J5 的字体设置为方正姚体、14 磅，并为其填充淡紫色（RGB：205，190，220）底纹；将单元格区域 B6：J13 的对齐方式设置为水平居中，字体为华文行楷、14 磅、白色，并为其填充紫色的底纹

Step1：在"儿童发育调查表"工作表中，通过鼠标拖曳选中单元格区域 B2：J2，单击鼠标右键弹出快捷菜单，选择"设置单元格格式…"命令，弹出"设置单元格格式"对话框，如图 5-7 所示。

Step2：单击"对齐"选项卡，在"水平对齐""垂直对齐"项下拉列表中均选择"居中"，选中"合并单元格"复选框，如图 5-8 所示。

图 5-7 "设置单元格格式"对话框

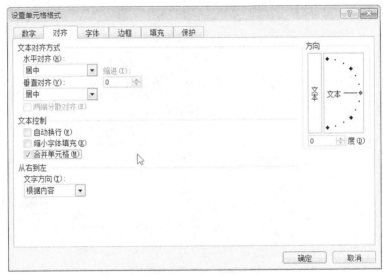

图 5-8 设置单元格合并居中

Step3：单击"字体"选项卡，在"字体"下拉列表中选择"华文行楷"，在"字号"下拉列表中选择"24"磅，在"颜色"下拉列表中单击"其他颜色"命令，弹出"颜色"对话框，单击"自定义"选项卡，在"颜色模式"下拉列表中选择"RGB"，在"红色"微调框中输入"180"，在"绿色"微调框中输入"220"，在"蓝色"微调框中输入"230"，如图 5-9 所示，单击"确定"按钮。

Step4：单击"填充"选项卡，单击"其他颜色"按钮，弹出"颜色"对话框，单击"自定义"选项卡，在"颜色模式"下拉列表中选择"RGB"，在"红色"微调框中输入"85"，在"绿色"微调框中输入"65"，在"蓝色"微调框中输入"105"，如图 5-10 所示，单击"确定"按钮，再次单击"设置单元格格式"对话框的"确定"按钮。

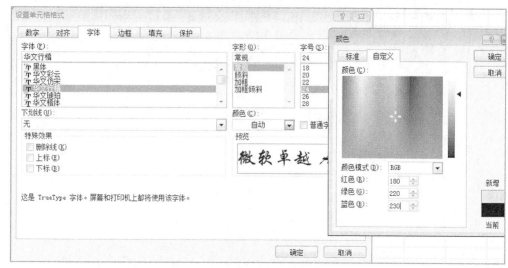

图 5-9　设置单元格字体格式

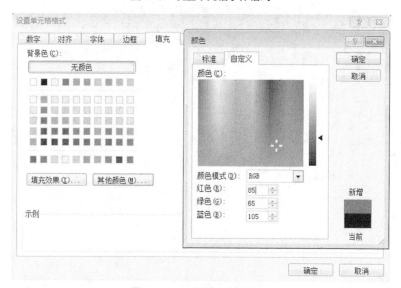

图 5-10　设置单元格填充色

Step5：以同样的方法按要求设置单元格区域 B3：B5、C3：F3、G3：J3、B3：J5、B6：J13 的格式，完成后效果如图 5-11 所示。

时间	男				女			
	体重（公斤）		身高（厘米）		体重（公斤）		身高（厘米）	
	平均值	标准差	平均值	标准差	平均值	标准差	平均值	标准差
初生-7天	3.85	0.38	50.45	1.70	3.56	0.36	49.70	1.70
1月	5.12	0.65	58.50	2.90	4.86	0.60	52.70	2.90
2月	6.50	0.68	64.50	2.90	5.95	0.61	59.00	2.20
3月	6.98	0.75	66.50	2.20	6.45	0.71	63.30	2.20
4月	7.54	0.78	60.00	2.20	7.00	0.77	63.96	2.20
6月	7.98	0.84	69.20	2.30	7.37	0.81	64.80	2.20
8月	8.38	0.89	70.30	2.40	7.81	0.86	66.80	2.30
10月	8.92	0.94	71.00	2.60	8.37	0.92	69.40	2.40

图 5-11　单元格格式设置完成后效果

5. 在"儿童发育调查表"工作表中，将单元格区域 B2：J2 的外边框设置为黑色的粗实线；将单元格区域 B3：J13 除上边框之外的外边框线设置为深蓝色的粗实线，内边框线设置为黄色的细实线。

Step1：选中单元格区域 B2：J2，打开"设置单元格格式"对话框，单击"边框"选项卡，单击线条区域"样式"列表框中的"粗实线"，选择"颜色"下拉列表中的"黑色"，然后单击右侧预览区域的"外边框"按钮，此时，在边框区域出现外边框，单击"确定"按钮。

Step2：选中单元格区域 B3：J13，单击"边框"选项卡线条区域"样式"列表中的"粗实线"，选择"颜色"下拉列表中的"深蓝色"，再单击右侧预览区域的"外边框"按钮，在边框区域出现外边框时单击"上边框"线，上边框线消失；再次单击线条区域"样式"列表中的"细实线"，选择"颜色"下拉列表中的"黄色"，单击右侧预览区域的"内边框"按钮，在边框区域增加内边框，如图 5-12 所示，单击"确定"按钮，内外边框线设置完成。

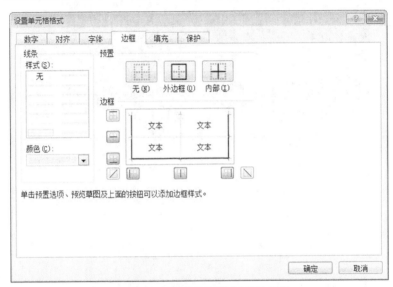

图 5-12 设置单元格区域内外边框线

6. 在"儿童发育调查表"工作表中，为 60.00（E10）单元格插入批注"此处数据有误，请核实。"，在表格的下方插入图片资源包 teaching\experiment5\pic5-1.jpg，并为其应用"艺术装饰"的图片效果。

Step1：在"儿童发育调查表"工作表中选中单元格 E10，单击菜单栏"审阅"选项卡中"批注"组的"新建批注"按钮，如图 5-13 所示，在弹出的文本框中输入文本"此处数据有误，请核实。"如图 5-14 所示。

Step2：单击表格下方任意一单元格（如"B14"），单击菜单栏"插入"选项卡中"插图"组的"图片"按钮，弹出"插入图片"对话框，找到图片的正确路径资源包 teaching\experiment5，单击"插入"按钮。

Step3：单击菜单栏"图片工具"选项卡中的"格式"项，在"图片样式"组中单击"图片效果"选项，在弹出的下拉列表中选择"棱台"→"艺术装饰"效果，如图 5-15 所示。

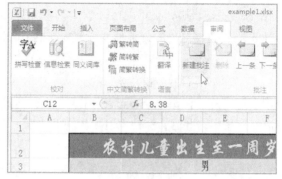

图 5-13　新建批注

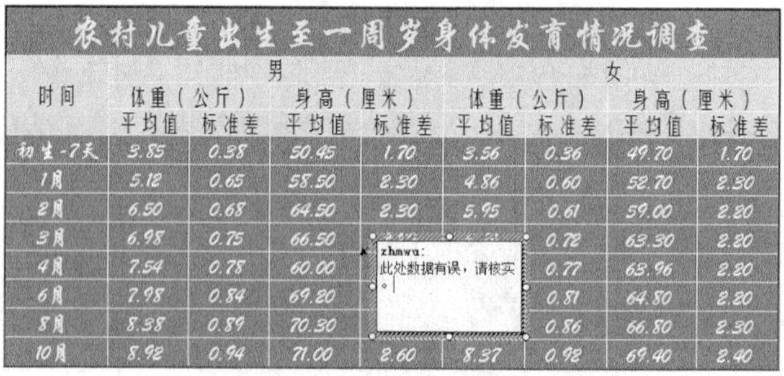

图 5-14　输入批注内容

图 5-15　设置图片效果

7．在"销售统计表"工作表中查找出所有的数值"4863"，并将其全部替换为"4835"，并应用函数公式计算出"总计"和"平均值"，将结果填写在相应的单元格中。

Step1：切换至"销售统计表"工作表，单击"开始"选项卡中"编辑"组中的"查找和选择"按钮，在其下拉列表中选择"替换…"命令，弹出"查找和替换"对话框，选择"替换"选项卡，在"查找内容"文本框中输入"4863"，在"替换为"文本框中输入"4835"，如图5-16所示，单击"全部替换"按钮，完成两处替换，最后单击"关闭"按钮。

图5-16 "查找与替换"对话框

Step2：在"销售统计表"工作表中选中G3单元格，单击"开始"选项卡中"编辑"组中的"自动求和"按钮，如图5-17所示，在G3单元格中出现了求和函数"SUM"，Excel自动选择了范围"B3:F3"，如图5-18所示，按回车键或单击编辑栏中的"✓"按钮确认，此时G3单元格显示出求和结果，然后通过拖曳G3单元格的填充柄来完成G4：G8区域的求和。

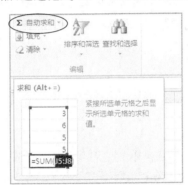

图5-17 自动求和公式

	A	B	C	D	E	F	G	H	I
1		利达公司建筑材料销售统计（万元）							
2	销售地区	塑料	钢材	木材	水泥	搅拌机	总计		
3	西北区	2340	6875	2586	4680	8648	=SUM(B3:F3)		
4	东北区	4835	7243	3868	8642	7321	SUM(number1, [number2], ...)		
5	华北区	3842	6780	3268	7826	7514			
6	西南区	6854	8864	2258	8123	5847			
7	华中区	5828	7880	4835	6523	6234			
8	华南区	5286	6356	3642	5432	9841			
9	平均值								

图5-18 利用求和公式计算

Step3：选中B9单元格，单击"开始"选项卡中"编辑"组中的"自动求和"下拉箭头，在下拉列表中选择"平均值"，在B9单元格中出现了求平均值函数"AVERAGE"，Excel自动选择了范围"B3:B8"，如图5-19所示，按回车键或单击编辑栏中的"✓"按钮确认，此时B9单元格显示出求平均值结果，然后通过拖曳B9单元格的填充柄来完成C9：F9区域的求平均值计算。

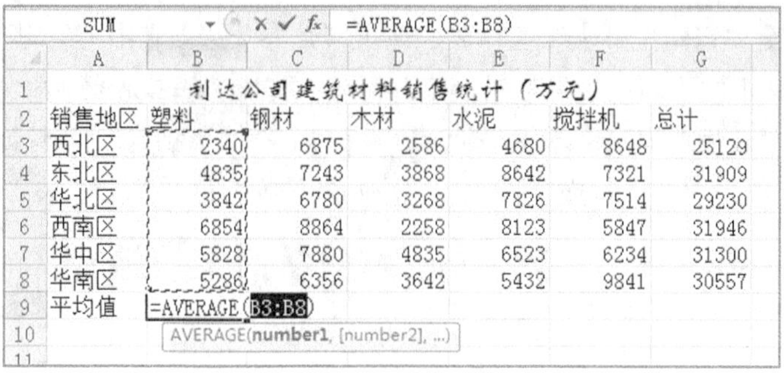

图 5-19 利用求和公式计算

强化训练

打开资源包 teaching\experiment5 文件夹中的 example3.xlsx 文件，并按下列要求操作。

1. 将 Sheet1 工作表中的所有内容复制粘贴到 Sheet2 工作表中，将 Sheet2 工作表重命名为"2004 年宏远公司预算表"，并将此工作表标签的颜色设置为标准色中的"紫色"。

2. 将资源包 teaching\experiment5 文件夹中 example4.xlsx 工作簿的工作表"考试成绩表"复制到 example3.xlsx 工作簿中，放至"2004 年宏远公司预算表"之前。

3. 在"2004 年宏远公司预算表"工作表中，将标题行下方插入一空行，并设置行高为 8.05；将"003"一行移动至"002"一行的下方；删除"007"行上方的一行（空行）；调整第"C"列的宽度为 11.88。

4. 在"2004 宏远公司预算表"工作表中，将单元格区域 B2：G2 合并并设置单对齐方式为居中；设置字体为华文行楷，字号 20 磅，字体颜色为天蓝色（RGB：146、205、220）；在单元格区域 D6：G13 应用货币符号¥，负数格式-1,234.10（红色）；分别将单元格区域"B4：C4""E4：G4""B13：C13"合并并设单元格对齐方式为居中；将单元格区域"B4：G13"的对齐方式设置为水平居中；为"B4：C13"设置字体为华文新魏，12 磅；为其填充标准色黄色底纹；并为单元格区域"D4：G13"设置青绿色（RGB：107，219，134）底纹。

5. 在"2004 宏远公司预算表"工作表中，将"B4：G13"外边框和内边框设置为双实线，颜色均为标准色下的"红色"。

6. 在"宏远公司 2004 年预算表"工作表中，为"¥10,000.00"（G6）单元格插入批注"超支"；在表格的下方建立如样章 1.jpg 中所示的公式，为其应用"强烈效果—蓝色，强调颜色 1"的形状样式。

7. 在"考试成绩表"工作表中查找出所有的数值"88"，将其全部替换为"85"，应用函数公式统计出各班的"总分"，并计算各科"平均分"，将结果填写在相应的单元格中。

考核评价

自我评价	满意之处：					
	需提高之处：					
小组评价	优秀		良好		合格	
老师评价	优秀		良好		合格	

实验六　数据管理

实验目标

1. 掌握工作表中数据的排序操作方法。
2. 掌握工作表中条件格式的应用。
3. 掌握工作表中数据的筛选方法。
4. 掌握工作表中数据的合并计算。
5. 掌握工作表中数据分类汇总的方法。
6. 掌握工作表中数据透视分析的方法。

实验项目

打开资源包 teaching\experiment6 文件夹中的 example5.xlsx 文件，并按下列要求操作。

1. 数据排序及条件格式的应用：使用 Sheet1 工作表中的数据，以"搅拌机"为主要关键字进行升序排序，并对相关数据应用"蓝-白-红色阶"的条件格式，实现数据的可视化效果。

2. 数据筛选：使用 Sheet2 工作表中的数据，筛选出"塑料"大于等于"6000"或者小于等于"4000"的记录。

3. 合并计算：使用 Sheet3 工作表中"西南区建筑材料销售统计（万元）"和"西北区建筑材料销售统计（万元）"表格中的数据，在"建筑材料销售总计（万元）"的表格中进行"求和"的合并计算操作。

4. 分类汇总：使用 Sheet4 工作表中的数据，以"产品名称"为分类字段，对"销售额"进行求"平均值"的分类汇总，并设置所有数值均只显示一位小数。

5. 数据透视表：使用"数据源"工作表中的数据，以"销售地区"为行标签，以"产品名称"为列标签，以"销售额"为求和项，从 Sheet5 工作表的 A1 单元格起建立数据透视表。

操作示范

启动 Excel 2010，单击"文件"→"打开"命令，打开资源包 teaching\experiment6 文件夹中的 example5.xlsx 文件。

1. 数据排序及条件格式的应用：使用 Sheet1 工作表中的数据，以"搅拌机"为主要关键字进行升序排序，并对相关数据应用"蓝-白-红色阶"的条件格式，实现数据的可视化效果。

Step1：在 Sheet1 工作表中，任意选中一数据单元格，单击"数据"选项卡中"排序和筛选"组的"排序"按钮，弹出"排序"对话框，在"主要关键字"中选择"搅拌机"，"排序依据"中选择"数值"，"次序"中选择"升序"，如图 6-1 所示，最后再单击"确定"按钮。

图 6-1　数据排序

Step2：在 Sheet1 工作表中选择 F3：F8 区域，单击"开始"选项卡中"样式"组的"条件格式"按钮，在弹出的下拉列表中选择"色阶"选项下的"蓝-白-红色阶"条件格式，如图 6-2 所示。

图 6-2　条件格式

2. 数据筛选：使用 Sheet2 工作表中的数据，筛选出"塑料"大于等于"6000"或者小于等于"4000"的记录。

Step1：在 Sheet2 工作表中，任意选中一数据单元格，单击"数据"选项卡中"排序和筛选"组的"筛选"按钮，即在每个字段后出现一个下拉按钮，单击字段"塑料"后的下拉按钮，在弹出的下拉列表框选择"数字筛选"下的"自定义筛选…"选项，如图 6-3 所示，弹出"自定义自动筛选方式"对话框。

Step2：在"自定义自动筛选方式"对话框中，上行左侧下拉列表选择"大于或等于"，上行右侧文本框中输入"6000"，选择单选项中的"或"，下行左侧下拉列表选择"小于或等于"，下行右侧文本框中输入"4000"，如图 6-4 所示，单击"确定"按钮。

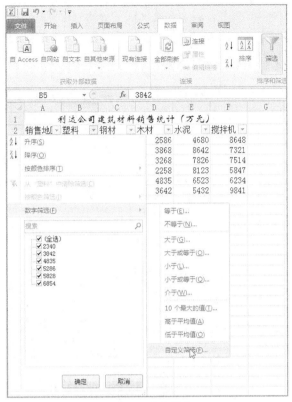

图 6-3 数字筛选

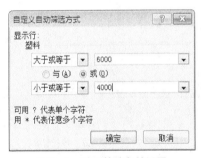

图 6-4 数据筛选条件设置

3. 合并计算：使用 Sheet3 工作表中"西南区建筑材料销售统计（万元）"和"西北区建筑材料销售统计（万元）"表格中的数据，在"建筑材料销售总计（万元）"的表格中进行"求和"的合并计算操作。

Step1：在 Sheet3 工作表中选中单元格 A12，单击"数据"选项卡中的"数据工具"组的"合并计算"按钮，打开"合并计算"对话框。

Step2：在"合并计算"对话框中的函数下拉列表选择"求和"，单击"引用位置"文本框后面的折叠按钮，选择 A3：B7 区域并返回，单击"添加"按钮，将其添加到"所有引用位置"下面的文本框中。再次单击"引用位置"文本框后面的折叠按钮，继续选择 D3：E7 区域并返回，单击"添加"按钮，将其添加到"所有引用位置"下面的文本框中。然后在"标签位置"区域勾选"最左列"复选框，如图 6-5 所示，再单击"确定"按钮即可完成合并计算，效果如图 6-6 所示。

图 6-5 "合并计算"对话框

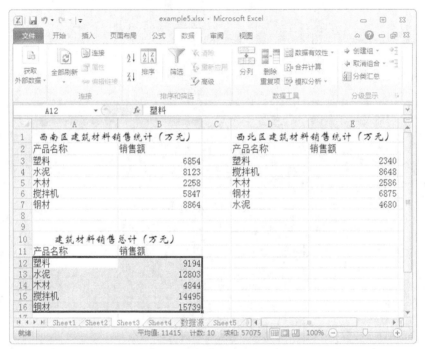

图 6-6 "合并计算"执行效果

4. 分类汇总：使用 Sheet4 工作表中的数据，以"产品名称"为分类字段，对"销售额"进行求"平均值"的分类汇总，并设置所有数值均只显示一位小数。

Step1：在 Sheet4 工作表中数据区域任意选中一单元格，单击"数据"选项卡中的"数据排序和筛选"组的"排序"按钮，在弹出的"排序"对话框中设置"主要关键字"为"产品名称"，"排序依据"为"数值"，"次序"为"升序"，然后单击"确定"按钮。

Step2：单击"数据"选项卡中的"分级显示"组的"分类汇总"按钮，打开"分类汇总"对话框，在"分类字段"下拉列表中选择"产品名称"，"汇总方式"下拉列表中选择"平均值"，"选定汇总项"列表框中选择"销售额"复选框，勾选"汇总结果显示在数据下方"复选框，如图 6-7 所示，单击"确定"按钮。

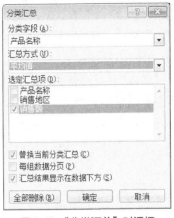

图 6-7 "分类汇总"对话框

Step3：按住"Ctrl"键，同时选中 A9、A16、A23、A30、A37、A38 单元格，单击鼠标右键，在弹出的快捷菜单中选择"设置单元格格式…"命令，打开"设置单元格格式"对话框，在"数字"选项卡的"分类"列表框中选择"数值"，在右侧"小数位数"文本框中选择"1"，如图 6-8 所示，单击"确定"按钮，效果如图 6-9 所示。

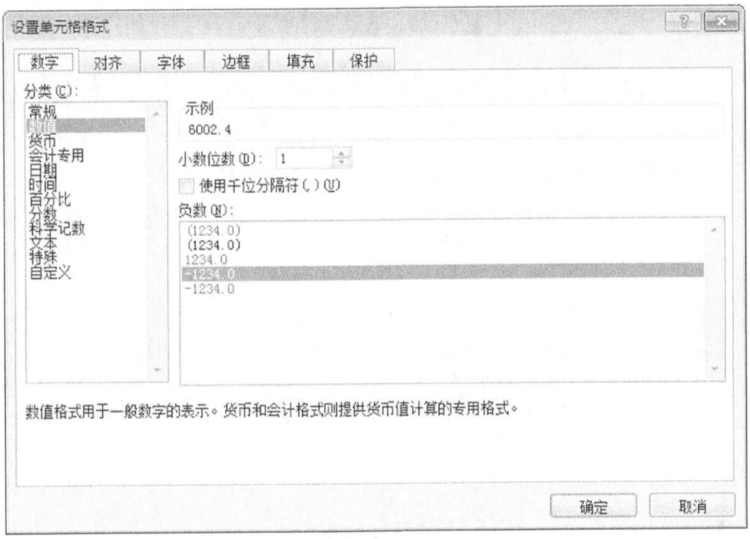

图 6-8　设置数值格式

图 6-9　"分类汇总"执行效果

5. 数据透视表：使用"数据源"工作表中的数据，以"销售地区"为行标签，以"产品名称"为列标签，以"销售额"为求和项，从 Sheet5 工作表的 A1 单元格起建立数据透视表。

Step1：在 Sheet5 工作表中选中 A1 单元格，单击"插入"选项卡中的"表格"组的"数据透视表"按钮，打开"创建数据透视表"对话框。

Step2：在"创建数据透视表"对话框中，单击"表/区域"文本框后面的折叠按钮，选择"数据源"工作表中 A2：C32 区域并返回，如图 6-10 所示，单击"确定"按钮。

图 6-10 选取透视数据

Step3：在 Sheet5 工作表中，将自动创建空白数据透视表，表格右侧会显示"数据透视表字段列表"任务窗格，在"选择要添加到报表的字段"列表中拖曳"产品名称"到"列标签"列表框中，将"销售地区"拖曳到"行标签"列表框中，将"销售额"拖曳到"数值"列表框中（如果值字段汇总方式不是默认的"求和"，则需要执行此操作），如图 6-11 所示，最后单击"文件"→"保存"命令。

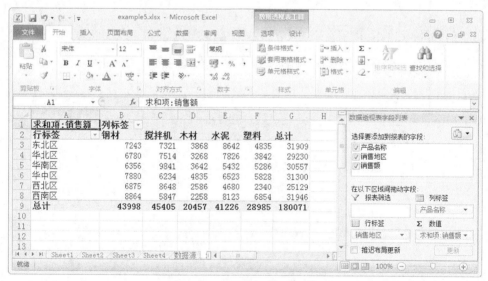

图 6-11 设置数据透视表选项

强化训练

打开资源包 teaching\experiment6 文件夹中的 example6.xlsx 文件，并按下列要求操作。

1. 数据排序及条件格式的应用：使用 Sheet1 工作表中的数据，以"类别"为主要关键字，"单价"为次要关键字进行降序排序，并对相关数据应用"数据条"中"绿色数据条"渐变填充的条件格式，实现数据的可视化效果。

2. 数据筛选：使用 Sheet2 工作表中的数据，筛选出"销售数量"大于"5000"或者小于"4000"的记录。

3. 合并计算：使用 Sheet3 工作表中"文化书店图书销售情况表""西门书店图书销售情况表"和"中原书店图书销售情况表"表格中的数据，在"图书销售情况表"的表格中进行"求和"的合并计算操作。

4. 分类汇总：使用 Sheet4 工作表中的数据，以"类别"为分类字段，对"销售数量"进行求"平均值"的分类汇总。

5. 数据透视表：使用"数据源"工作表中的数据，以"书店名称"为报表筛选项，以"书籍名称"为行标签，以"类别"为列标签，以"销售数量"为求平均值项，从 Sheet5 工作表的 A1 单元格起建立数据透视表。

考核评价

自我评价	满意之处：					
	需提高之处：					
小组评价	优秀		良好		合格	
老师评价	优秀		良好		合格	

实验七　数据图表显示与数据表打印

实验目标

1. 掌握工作表中图表的创建与编辑。
2. 掌握工作表中分页符的使用。
3. 掌握工作表的页面设置与打印。
4. 掌握 Excel（或 Word）中选择性粘贴的使用。
5. 掌握 Excel（或 Word）中宏的录制。

实验项目

打开资源包 teaching\experiment7 文件夹中的 example7.xlsx 文件，并按下列要求操作。

1. 建立图表：使用"儿童发育调查表"工作表中的相关数据在 Sheet3 工作表中创建一个

簇状圆柱图，按照资源包 teaching\experiment7 文件夹中的样章 2.jpg 为图表添加标题，并在底部显示图例。

2．工作表的打印设置：在"儿童发育调查表"工作表第 10 行的上方插入分页符，设置表格的标题行为顶端打印标题，打印区域为单元格"B2：J13"，设置完成后进行打印预览。

3．选择性粘贴：在 Excel 2010 中打开资源包 teaching\experiment7 文件夹中的 example8.xlsx，将工作表中的表格以"Microsoft Excel 工作表对象"的形式粘贴至资源包 teaching\experiment7\example10.docx 文档中标题为"宏达公司市场部 2010 的销售情况统计"的下方，效果如样章 3.jpg 所示。

4．录制新宏：在 Excel 2010 中新建一个文件，在该文件中创建一个名为 A8A 的宏，将宏保存在当前工作簿中，用"Ctrl+Shift+F"组合键作为快捷键，功能为将选定单元格的字体设置为方正姚体、20 磅、红色，将该文件以"启用宏的工作簿"类型保存至资源包 teaching\experiment7 文件夹中，文件名为 example9。

操作示范

启动 Excel 2010，单击"文件"→"打开"命令，打开资源包 teaching\experiment7 文件夹中的 example7.xlsx 文件。

1．建立图表：使用"儿童发育调查表"工作表中的相关数据在 Sheet3 工作表中创建一个簇状圆柱图，按照资源包 teaching\experiment7 文件夹中的样章 2.jpg 为图表添加标题，并在底部显示图例。

Step1：在 Sheet3 工作表中，任意选中一单元格，单击"插入"选项卡中的"图表"组的"柱形图"按钮，在弹出的下拉列表中选择"柱形图"中的"簇状圆柱图"选项，如图 7-1 所示。

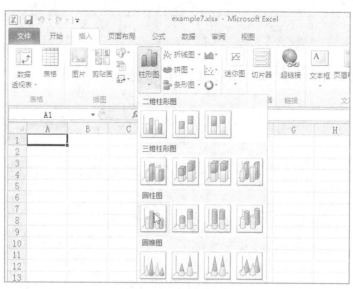

图 7-1　选择图表类型

Step2：在 Sheet3 工作表中，新增"图表工具"，单击"设计"选项卡中的"数据"组的"选择数据"按钮，打开"选择数据源"对话框，选择工作表"儿童发育调查表"中的 B3：J13

区域，对照样章 2.jpg，单击"选择数据源"对话框中的"切换行/列"按钮，删除左侧列表框中的多余项，如图 7-2 所示，单击"确定"按钮。

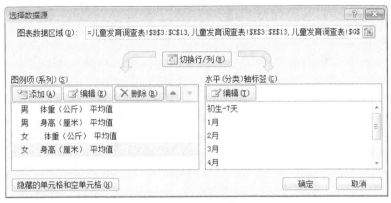

图 7-2 "选择数据源"对话框

Step3：在 Sheet3 工作表中，单击"布局"选项卡中的"标签"组的"图表标题"按钮，在弹出的下拉列表中选择"图表上方"选项，在图表中出现"图表标题"文本框，将其内容改为"儿童发育调查表"，并适当调整字体大小；单击"标签"组的"图例"按钮，在弹出的下拉列表中选择"在底部显示图例"选项，效果如图 7-3 所示。

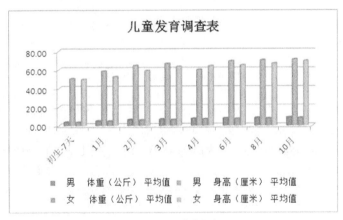

图 7-3 图表效果图

2. 工作表的打印设置：在"儿童发育调查表"工作表第 10 行的上方插入分页符，设置表格的标题行为顶端打印标题，打印区域为单元格"B2：J13"，设置完成后进行打印预览。

Step1：在"儿童发育调查表"工作表中，选择第 10 行，单击"页面布局"选项卡中的"页面设置"组的"分隔符"按钮，在弹出的下拉列表中选择"插入分页符"选项，如图 7-4 所示。

Step2：在"儿童发育调查表"工作表中，单击"页面布局"选择卡中的"页面设置"组的对话框启动器，打开"页面设置"对话框，单击"工作表"选项卡，在"打印区域"中输入"B2：J13"，单击"打印标题"区域的"顶端标题行"折叠按钮，选择"儿童发育调查表"标题行，如图 7-5 所示，单击"打印预览"按钮，单击"保存"关闭对话框。

图 7-4 插入分页符

图 7-5 "页面设置"对话框

3. 选择性粘贴：在 Excel 2010 中打开资源包 teaching\experiment7 文件夹中的 example8.xlsx，将工作表中的表格以 "Microsoft Excel 工作表对象" 的形式粘贴至资源包 teaching\experiment7\example10.docx 文档中标题为 "宏达公司市场部 2010 的销售情况统计" 的下方，效果如样章 3.jpg 所示。

启动 Word 2010，单击 "文件" → "打开" 命令，打开资源包 teaching\experiment7 文件夹中的 example10.docx 文件。

Step1：打开资源包 teaching\experiment7 文件夹中的 example8.xlsx，选中 Sheet1 工作表中的表格区域 B2:H7，单击 "开始" 选项卡中 "剪贴板" 组里的 "复制" 按钮。

Step2：在 example8.docx 文档中，将光标定位于文档标题 "宏达公司市场部 2010 的销售情况统计" 的下方，然后单击 "开始" 选项卡中 "剪贴板" 组里的 "粘贴" 下拉箭头，在弹出的下拉菜单中选择 "选择性粘贴" 命令，如图 7-6 所示，弹出 "选择性粘贴" 对话框。

Step3：在 "选择性粘贴" 对话框中选中左侧的 "粘贴" 单选按钮，然后在 "形式" 列表框中选择 "Microsoft Excel 工作表 对象" 选项，如图 7-7 所示，单击 "确定" 按钮，效果如样章 3.jpg 所示。

图 7-6　粘贴选项

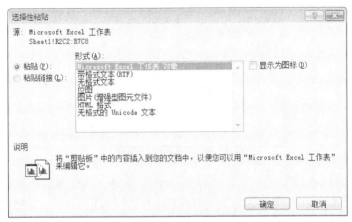

图 7-7　"选择性粘贴"对话框

4. 录制新宏：在 Excel 2010 中新建一个文件，在该文件中创建一个名为 A8A 的宏，将宏保存在当前工作簿中，用"Ctrl+Shift+F"组合键作为快捷键，功能为将选定单元格的字体设置为方正姚体、20 磅、红色，将该文件以"启用宏的工作簿"类型保存至资源包 teaching\experiment7 文件夹中，文件名为 example9。

Step1： 启动 Excel 2010，新建一个文件；单击"文件"→"选项"命令，在弹出的"Excel 选项"对话框中选择"信任中心"，在其右侧区域单击"信任中心设置..."按钮，弹出"信任中心"对话框，单击左侧"宏设置"选项，然后选中右侧的"信任对 VBA 工程对象模型的访问"复选框，单击"确定"按钮。

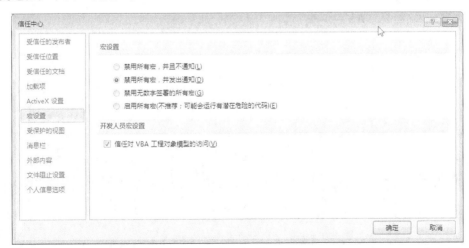

图 7-8　"信任中心"对话框

Step2：选中任意单元格，单击"视图"选项卡中的"宏"组里的"宏"下拉箭头，在弹出的下拉菜单中选择"录制宏"选项，弹出"录制新宏"对话框。

Step3：在"录制新宏"对话框中，在"宏名"文本框中输入新录制宏的名称"A8A"，再将光标定位于"快捷键"下面的空白文本框中，同时按"Shift+F"组合键，在"保存在"下拉列表中选择"当前工作簿"，如图 7-9 所示，然后单击"确定"按钮。

图 7-9 "录制新宏"对话框

Step4：开始录制宏；单击"开始"选项卡中的"字体"组的对话框启动器，弹出"设置单元格格式"对话框，在"字体"选项卡中设置字体为"方正姚体"、字号为"20 磅"、颜色为"红色"，再单击"确定"按钮。

Step5：操作完成后，单击"视图"选项卡中的"宏"组里的"宏"下拉箭头，在弹出的下拉菜单中选择"停止录制"选项。

Step6：单击"文件"→"保存"命令，在"保存位置"列表中选择资源包 teaching\experiment7 文件夹，在"文件名"文本框中输入"example9"，在"保存类型"列表中选择"Excel 启用宏的工作簿"，如图 7-10 所示，再单击"保存"按钮即可。

图 7-10 "另存为"对话框

强化训练

打开资源包 teaching\experiment7 文件夹中的 example10.xlsx 文件，并按下列要求操作。

1. 建立图表：使用"宏远公司 2004 年预算表"工作表中的相关数据，在 Sheet3 工作表中创建一个饼图，图标标题为"2004 年预计支出"，按照资源包 teaching\experiment7 文件夹中的样章 4.jpg 所示为图表添加标题及数值。

2. 工作表的打印设置：在"宏远公司 2004 年预算表"工作表第 15 行前插入分页符，设置表格标题行为顶端打印标题，打印区域为单元格"A1：G13"，设置完成后进行打印预览。

3. 选择性粘贴：在 Excel 2010 中打开资源包 teaching\experiment7 文件夹中的 example11.xlsx，将工作表中的表格以"Microsoft Excel 工作表对象"的形式粘贴至资源包 teaching\experiment7\example11.docx 文档中标题为"华联家电城商品销售统计表"的下方，效果如样章 4.jpg 所示。

4. 录制新宏：在 Excel 2010 中新建一个文件，在该文件中创建一个名为 A8A 的宏，将宏保存在当前工作簿中，用"Ctrl+Shift+F"作为快捷键，功能为在选定单元格内输入"5+7*20"的结果，将该文件以"启用宏的工作簿"类型保存至资源包 teaching\experiment7 文件夹中，文件名为 example12。

考核评价

自我评价	满意之处：					
	需提高之处：					
小组评价	优秀		良好		合格	
老师评价	优秀		良好		合格	

PART 4

模块 4
PowerPoint 2010
应用

实验八 演示文稿的编辑与设置

实验目标

1. 掌握 PowerPoint 2010 演示文稿中图片、表格、图表以及多媒体文件的插入方法。
2. 掌握 PowerPoint 2010 演示文稿中母版的使用。
3. 掌握 PowerPoint 2010 演示文稿中动画的设置、超链接的创建。
4. 掌握 PowerPoint 2010 演示文稿的页面设置方法
5. 掌握 PowerPoint 2010 演示文稿的视频输出方法。

实验项目

打开资源包 teaching\experiment8 文件夹中的 example1.pptx 文件，并按下列要求操作。

1. 演示文稿页面设置：参照效果 1.jpg，设置第 1 张幻灯片中标题的字体为华文新魏、字号为 66，文字有阴影；在幻灯片母版中为所有幻灯片添加页脚"教学材料"，并显示幻灯片编号，设置页脚的字体为楷体、加粗、20 磅、浅蓝色（RGB:100，150，255）。

2. 演示文稿的超链接：参照效果 1.jpg，将第 1 张幻灯片副标题中的文本与相应的幻灯片建立超链接。

3. 演示文稿的插入设置：参照效果 2.jpg，在第 2 张幻灯片中插入 SmartArt 图形，图形布局为"不定向循环"图，设置颜色为"彩色范围−强调文字颜色 5 至 6"，外观样式为三维中的"优雅"；录入文字，并设置字体为华文彩云、18 磅、加粗；参照效果 3.jpg，在第 3 张幻灯片中插入图片文件资源包 teaching\experiment8\pic1.jpg，设置图片大小的缩放比例为 35%，删除图片的背景，并为其添加"影印"的艺术效果。

4. 演示文稿的动画设置：设置所有幻灯片的切换方式为"百叶窗"、切换效果为"水平"、持续时间为"2 秒"、声音为"风铃"、换片方式为"3 秒后自动换片"；为第 2 张幻灯片中的 SmartArt 图形添加"旋转"进入的动画效果，发送效果为"逐个"、持续时间为"2 秒"、动画效果为"上一动画之后自动启动";设置幻灯片的放映类型为"观众自行浏览(窗口)",放映方式为"循环放映,按 ESC 键终止",放映内容为"幻灯片 1 至 4"。

5. 将演示文稿创建为视频文件:将演示文稿 example1.pptx 创建为全保真视频文件,设置放映每张幻灯片的秒数为 7 秒,以 A6A.wmv 为文件名保存至资源包 teaching\experiment8 文件夹中。

操作示范

启动 PowerPoint 2010,单击"文件"→"打开"命令,打开资源包 teaching\experiment8 文件夹中的 example1.pptx 文件。

1. 演示文稿页面设置:参照效果 1.jpg,设置第 1 张幻灯片中标题的字体为华文新魏、字号为 66,文字有阴影;在幻灯片母版中为所有幻灯片添加页脚"教学材料",并显示幻灯片编号,设置页脚的字体为楷体、加粗、20 磅、浅蓝色(RGB:100,150,255)。

Step1:在第 1 张幻灯片中单击标题文本框,选中整个标题,再单击"开始"选项卡中的"字体"组里的对话框启动器,弹出"字体"对话框,在"中文字体"下拉列表中选择"华文新魏",在"大小"文本框中输入"66",如图 8-1 所示,单击"确定"按钮,再单击"开始"选项卡中的"字体"组里的"文字阴影"按钮。

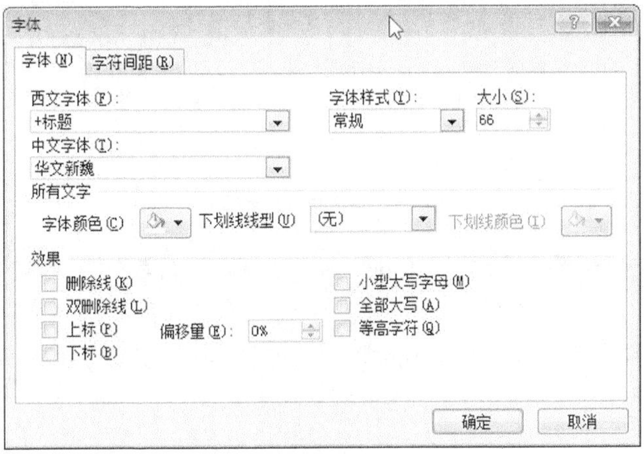

图 8-1 "字体"对话框

Step2:单击"视图"选项卡中的"母版视图"组里的"幻灯片母版"按钮,在幻灯片母版编辑状态下,单击母版幻灯片下方的"页脚"文本框,在其中输入"教学材料",选中该文本框,在"开始"选项卡中的"字体"对话框中设置字体为楷体、加粗、20 磅、浅蓝色(RGB:100,150,255),效果如图 8-2 所示。

Step3:单击母版幻灯片右下脚的文本框,单击"插入"选项卡中的"文本"组里的"幻灯片编号"按钮,弹出"页眉和页脚"对话框,勾选"幻灯片编号"前面的复选框,如图 8-3 所示,单击"全部应用"按钮即可完成。

图8-2 设置页脚字体

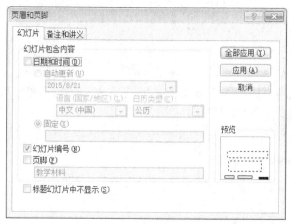

图8-3 添加幻灯片编号

2. 演示文稿的超链接：参照效果1.jpg，将第1张幻灯片副标题中的文本与相应的幻灯片建立超链接。

Step1：通过鼠标拖曳选中副标题中的第1行文本"电话礼仪要素"，单击鼠标右键弹出快捷菜单，如图8-4所示。

图8-4 设置超链接快捷菜单

Step2：在弹出的快捷菜单中单击"超链接…"选项，打开"插入超链接"对话框，单击左侧"链接到"列表框中的"本文档中的位置"选项，再单击右侧"请选择文档中的位置"列表框中的"电话礼仪要素"，如图 8-5 所示，单击"确定"按钮。

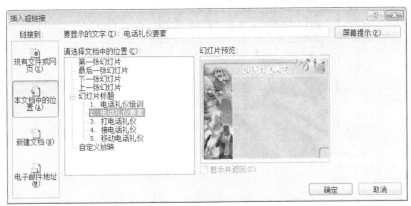

图 8-5　设置超链接

Step3：使用同样的方法，将副标题中"打电话礼仪""接电话礼仪"和"移动电话礼仪"等文本分别与相应的幻灯片建立超链接，完成后如效果 1.jpg 所示。

3. 演示文稿的插入设置：参照效果 2.jpg，在第 2 张幻灯片中插入 SmartArt 图形，图形布局为"不定向循环"图，设置颜色为"彩色范围–强调文字颜色 5 至 6"，外观样式为三维中的"优雅"；录入文字，并设置字体为华文彩云、18 磅、加粗；参照效果 3.jpg，在第 3 张幻灯片中插入图片文件资源包 teaching\experiment8\pic1.jpg，设置图片大小的缩放比例为 35%，删除图片的背景，并为其添加"影印"的艺术效果。

Step1：在第 2 张幻灯片中，单击"插入"选项卡中"插图"组里的"SmartArt 图形"按钮，弹出"选择 SmartArt 图形"对话框，单击左侧列表中的"循环"选项，再单击中间列表框中的"不定向循环"项，如图 8-6 所示，单击"确定"按钮。

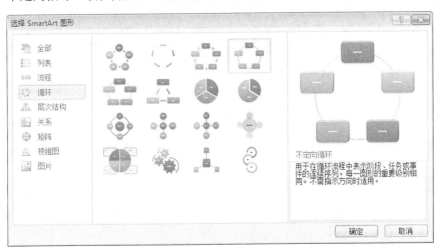

图 8-6　"选择 SmartArt 图形"对话框

Step2：弹出"在此处键入文字"界面，参照效果 2.jpg，依次在文本框中键入相应文本，如图 8-7 所示，关闭文本输入框。

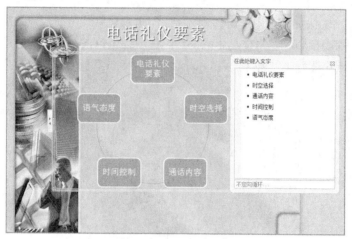

图 8-7　SmartArt 图形输入文本

Step3：选中整个 SmartArt 图形对象，出现 "SmartArt 工具" 菜单，单击 "设计" 选项卡中的 "SmartArt 样式" 组里右侧的 "其他" 按钮，在弹出的下拉列表中选择 "三维→优雅"，如图 8-8 所示，再单击 "更改颜色" 按钮，在下拉列表中选择 "彩色范围−强调文字颜色 5 至 6" 选项，如图 8-9 所示。

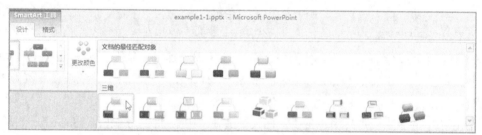

图 8-8　SmartArt 图形三维样式选择

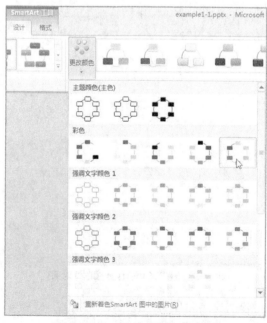

图 8-9　SmartArt 图形颜色设置

Step4：选中 SmartArt 图形对象中任意一个方块，单击鼠标右键弹出快捷菜单，单击"字体"命令，弹出"字体"对话框，设置字体为华文彩云、18 磅、加粗，其余一一类推。用鼠标将图形拖曳至合适位置即可。

Step5：在第 3 张幻灯片中，单击"插入"选项卡中的"图像"组里的"图片"按钮，弹出"插入图片"对话框，选择正确路径资源包 teaching\experiment8，插入 pic1.jpg 图片。

Step6：双击该图片，出现"图片工具"菜单，单击"格式"选项卡中的"大小"组里的对话框启动器，弹出"设置图片格式"对话框，在其右侧列表框中，设置高度或宽度文本框为"35%"，如图 8-10 所示，单击"关闭"按钮，拖动图片至幻灯片右下角适当位置。

图 8-10 "设置图片格式"对话框

Step7：双击选中该图片，单击"插入"选项卡中的"调整"组里的"删除背景"按钮，调整图片周围的句柄框至最大，效果如图 8-11 所示，单击"关闭"组里的"保留更改"按钮；再次单击"调整"组里的"艺术效果"按钮，在弹出的下拉列表中选择"影印"选项，如图8-12 所示。

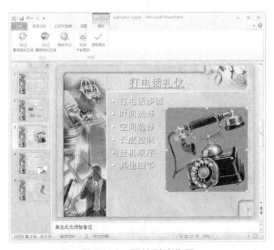

图 8-11　图片删除背景

图 8-12　设置图片艺术效果

4. 演示文稿的动画设置：设置所有幻灯片的切换方式为"百叶窗"、切换效果为"水平"、持续时间为"2 秒"、声音为"风铃"、换片方式为"3 秒后自动换片"；为第 2 张幻灯片中的 SmartArt 图形添加"旋转"进入的动画效果，发送效果为"逐个"、持续时间为"2 秒"、动画效果为"上一动画之后自动启动"；设置幻灯片的放映类型为"观众自行浏览（窗口）"，放映方式为"循环放映，按 ESC 键终止"，放映内容为"幻灯片 1 至 4"。

Step1：选中所有幻灯片，单击"切换"选项卡中的"切换到此幻灯片"组里的"其他"按钮，在弹出的下拉列表中选择"华丽型"中的"百叶窗"切换方式，如图 8-13 所示；单击"效果选项"按钮，在打开的下拉列表中选择"水平"。

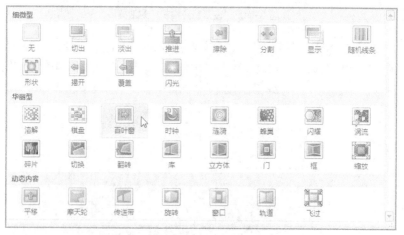

图 8-13　设置"百叶窗"切换方式

Step2：任意选中某张幻灯片，在"切换"选项卡中"计时"组里的"声音"下拉列表中选择"风铃"选项，"持续时间"文本框中输入"2 秒"，在"换片方式"中选择"设置自动换片时间"，并在其文本框中输入"3 秒"，如图 8-14 所示，单击"全部应用"按钮。

图 8-14　设置"百叶窗"切换计时设置

Step3：在第 2 张幻灯片中选中 SmartArt 图形，单击"动画"选项卡中的"高级动画"组里的"添加动画"按钮，在其下拉列表中选择"进入"中的"旋转"方式；单击"动画"组里"效果选项"按钮，在"序列"下拉列表中选择"逐个"；单击"计时"组里的"开始"项的下拉列表，选择"上一动画之后"选项，"持续时间"项文本框中输入"2 秒"，如图 8-15 所示。

图 8-15　SmartArt 图形动画设置

Step4：切换至"幻灯片放映"选项卡，单击"设置"组里的"设置幻灯片放映"按钮，弹出"设置放映方式"对话框，在放映类型区域选择"观众自行浏览（窗口）"单选项，"放映选项"区域勾选"循环放映，按 ESC 键终止"复选框，放映幻灯片区域选择"从 1 到 4"单选项，如图 8-16 所示，单击"确定"按钮。

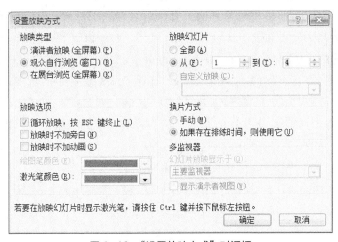

图 8-16　"设置放映方式"对话框

5. 将演示文稿创建为视频文件：将演示文稿 example1.pptx 创建为全保真视频文件，设置放映每张幻灯片的秒数为 7 秒，以 **A6A.wmv** 为文件名保存至资源包 teaching\experiment8 文件夹中。

Step1：单击"文件"菜单下拉列表中的"保存并发送"选项，弹出下一级菜单选项。

Step2：单击"文件类型"区域的"创建视频"项，在弹出的菜单项中将"放映每张幻灯片的秒数"设置为"7 秒"，如图 8-17 所示，单击下方的"创建视频"按钮，弹出"另存为"对话框，设置保存路径为"资源包 teaching\experiment8"，文件名为"A6A.wmv"，单击"保存"按钮即可。

图 8-17　创建视频文件

强化训练

打开资源包 teaching\experiment8 文件夹中的 example2.pptx 文件，并按下列要求操作。

1. 演示文稿页面设置：参照效果 4.jpg，在幻灯片母版中将文本占位符中文本的字体设置为方正姚体，段落间距设置为段前 12 磅、段后 6 磅，行距设置为固定值 35 磅；将第二张幻灯片的背景填充为图片资源包 teaching\experiment8\pic2.jpg，透明度为 50%。

2. 演示文稿的插入设置：参照效果 5.jpg，在第三张幻灯片中插入 SmartArt 图形，图形布局为"连续块状流程"图，设置颜色为"彩色－强调文字颜色"，外观样式为三维中的"嵌入"；录入文字，并设置字体为华文隶书、36 磅、标准色下的深蓝；参照效果 6.jpg，在第五张幻灯片中插入图片文件资源包 teaching\experiment8\pic3.jpg，设置图片大小的缩放比例为 50%，排列顺序为"置于底层"，图片样式为"棱台透视"。

3. 演示文稿的超链接：参照效果 7.jpg，在第 4 张幻灯片中插入链接到第 1 张幻灯片和最后一张幻灯片的动作按钮，并为动作按钮套用"中等效果－青绿，强调颜色 2"的形状样式，高度和宽度均设置为 2 厘米。

4. 演示文稿的动画设置：设置所有幻灯片的切换方式为"涡流"、效果为"自底部"、持续时间为"3 秒"、声音为"鼓掌"、换片方式为"3 秒后自动换片"；将第 1 张幻灯片中标题文本的动画效果设置为"放大/缩小"、效果选项中方向为"两者"，数据为"较小"，持续时间为"2 秒"，单击鼠标时启动动画效果；用"动画刷"复制第 1 张幻灯片中标题文本的动画效果，并将此动画效果应用到第 3 张幻灯片中的 SmartArt 图形和第 5 张幻灯片中的图片上。

5. 将演示文稿创建为视频文件：将演示文稿 example2.pptx 创建为全保真视频文件，设置放映每张幻灯片的秒数为 7 秒，以 A9A.wmv 为文件名保存至资源包 teaching\experiment8 文件夹中。

考核评价

自我评价	满意之处：				
	需提高之处：				
小组评价	优秀		良好		合格	
老师评价	优秀		良好		合格	

模拟实战篇

全真模拟试题一

第一单元　操作系统

1. 启动"资源管理器"。

2. 在 C 盘下新建文件夹，文件夹名为"4000001"。

3. 将 C 盘下的"DATA1"文件夹内 TF1-12.docx、TF3-13.docx、TF4-14.docx、TF5-15.docx、TF6-6.xlsx、TF7-18.xlsx、TF8-4.docx 一次性复制粘贴到"C:\4000001"文件夹中，并分别重命名为 A1.docx、A3.docx、A4.docx、A5.docx、A6.xlsx、A7.xlsx、A8.xlsx。

4. 在语文栏中添加"微软拼音-简捷 2010"输入法。

5. 为"附件"菜单中的"截图工具"创建桌面快捷方式。

第二单元　文字录入

1. 新建文件:在"Microsoft Word 2010"程序中，新建一个文档，以 A2.docx 为文件名保存至 C:\ATA_MSO\testing\105450-2C7D\WORD\T01_B01 文件夹。

2. 录入文本与符号：按照【样文 2-1A】，录入文字、字母、标点符号、特殊符号等。

3. 复制粘贴：将 C:\ATA_MS0\testing\105450-2C7D\WORD\T01_B01\TF2-1B.docx 中全部文字复制并粘贴到考生文档之后。

4. 查找替换：将文档中所有"核战"替换成"核电站"，结果如【样文 2-1B】所示。

第三单元　文档的格式

打开文档 C:\ATA_MSO\testing\105450-2C7D\WORD\701_C01\A3.docx,按下列要求设置、编排文档格式。

74

一、如【样文 3-1A】所示设置【文本 3-1A】

1．设置字体格式。

（1）将文档标题行的字体设置为华文行楷，字号为一号，并为其添加"填充-蓝色，透明强调文字颜色 1，轮廓-强调文字颜色 1"的文本效果。

（2）将文档副标题的字体设置为华文新魏，字号为四号，颜色为标准色中的"深红"色。

（3）将正文诗词部分的字体设置为方正姚体，字号为小四，字形为倾斜。

（4）将文本"注释译文"的字体设置为微软雅黑，字号为小四，并为其添加"双波浪线"下画线。

2．设置段落格式。

（1）将文档的标题和副标题设置为居中对齐。

（2）将正文的诗词部分左侧缩进 10 个字符，段落间距为段前 0.5 行，段后 0.5 行，行距为固定值 18 磅。

（3）将正文最后两段的首行缩进 2 个字符，并设置行距为 1.5 倍行距。

二、如【样文 3-1B】所示设置【文本 3-1B】

1．拼音检查：改正【文本 3-1B】中拼写错误的单词。

2．设置项目符号或编号：按照【样文 3-1B】为文档段落添加符号。

三、如【样文 3-1C】所示设置【文本 3-1C】

参照【样文 3-1C】，为【文本 3-1C】中的文本添加拼音，并设置拼音的对齐方式为居中，偏移量为 3 磅，字号为 14 磅。

第四单元　文档表格

打开文档 C:\ATA_MSO\testing\105450-2C7D\WORD\T01_D01\A4.docx，按下列要求创建、设置表格结果，如【样文 4-1】所示。

1．创建表格并自动套用格式。

在文档的开头创建一个 3 行 7 列的表格，并为新创建的表格自动套用"中等深线网格 1-强调文字颜色 4"的表格样式。

2．表格的基本操作。

（1）删除"不合格产品（件）"列右侧的空列。

（2）将"第四车间"一行移至"第五车间"一行的上方。

（3）将"车间"单元格与其右侧的单元格合并为一个单元格，将表格各列平均分布。

3．表格的格式设置。

（1）将表格中包含数值的单元格设置为居中对齐。

（2）为表格的第一行填充标准色"橙色"底纹，其他各行填充粉红色（RGB：255，153，204）底纹；

（3）将表格的外边框线设置为 1.5 磅的双实线，横向网格线设置为 0.5 磅的点画线，竖向网格线设置为 0.5 磅的细实线。

第五单元　文档板式

打开文档 C:\ATA_MSO\testing\105450-2C7D\WORD\T01_E01\A5.docx，按下列要求设置、编排文档的版面如【样文 5-1】所示。

1．页面设置。

（1）自定义纸张大小为宽为 20 厘米、高为 25 厘米，设置页边距为上、下各 1.8 厘米，左、右各 2 厘米。

（2）按样文所示，为文档添加页眉文字和页码，并设置相应的格式。

2．艺术字设置。

将标题"画鸟的猎人"设置为艺术字样式"填充—橙色，强调文字颜色 6，暖色粗糙棱台"；字体为华文行楷，字号为 44 磅；环绕方式为嵌入型，并为其添加映像变体中的"紧密映像，8pt 偏移量"和转换中"停止"弯曲的文本效果。

3．文档的版面格式设置。

（1）分栏设置：将正文除第 1 段以外的其余各段均设置为两栏格式，栏间距为 3 字符，显示分隔线。

（2）边框和底纹：为正文的最后一段添加双波浪线边框，并填充底纹为图案样式 10%。

4．文档的插入设置。

（1）插入图片：在样文中所示位置插入图片 C:\ATA_MSO\testing\ 105450-2C7D\ WORD\ T01_E01\pic5-1.jpg，设置图片的缩放比例为 45%，环绕方式为紧密型，并为图片添加"剪裁对角线，白色"的外观形式。

（2）插入尾注：为第 2 行"艾青"两个字插入尾注"艾青(1910-1996)：现、当代诗人，浙江金华人。"

第六单元　电子表格

在 Excel 2010 中打开文件 C:\ATA_MSO\testing\105450-2C7D\EXCEL\T01_F01\A6.xlsx，并按下列要求进行操作。

一、设置工作表及表格，结果如【样文 6-1A】所示

1．工作表的基本操作。

（1）将 Sheet1 工作表的所有内容复制到 Sheet2 工作表中，并将 Sheet2 工作表重命名为"销售情况表"，将此工作表标签的颜色设置为标准色中的"橙色"。

（2）将标题行下方插入一空行，并设置行高为 10；将"郑州"一行移至"商丘"一行的上方；删除第 G 列（空列）。

2．单元格格式的设置。

（1）在"销售情况表"工作表中，将单元格区域 B2：G3 合并后居中，字体设置为华文仿宋、20 磅、加粗，并为标题行填充天蓝色（RGB：146，205，220）底纹。

（2）将单元格区域 B4：G4 的字体设置为华文行楷、14 磅、"白色，背景 1"，文本对齐方式为居中，为其填充红色（RGB：200，100，100）底纹。

（3）将单元格区域 B5：G10 的字体设置为华文细黑、12 磅，文本对齐方式为居中，为其填充玫瑰红色（RGB：230，175，175）底纹；并将其外边框设置为粗实线，内部框线设置为虚线，颜色均为标准色下的"深红"色。

3．表格的插入设置。

（1）在"销售情况表"工作表中，为 0（C7）单元格插入批注"该季度没有进入市场"。

（2）在"销售情况表"工作表中表格的下方建立"常用根式"公式，并为其应用"强烈效果—蓝色，强调颜色 1"的形状样式。

二、建立图表，结果如【样文 6-1B】所示

1．使用"销售情况表"工作表中的相关数据在 Sheet3 工作表中创建一个三维簇状柱形图。

2．如【样文 6-1B】所示为图表添加图表标题及坐标标题。

三、工作表的打印设置

1．在"销售情况表"工作表第 8 行的上方插入分页符。

2．设置表格的标题行为顶端打印标题，打印区域为单元格区域 A1：G16，设置完成后进行打印预览。

第七单元　电子表格

打开文档 C:\ATA_MSO\testing\105450-2C7D\EXCEL\T01_G01\A7.xlsx，按下列要求操作。

1．数据的查找与替换。

如【样文 7-1A】所示，在 Sheet1 工作表中查找出所有的数值"88"，并将其全部替换为"80"。

2．公式、函数的应用。

如【样文 7-1A】所示，使用 Sheet1 工作表中的数据，应用函数公式统计出各班的"总分"，并计算出"各科平均分"，结果分别填写在相应的单元格中。

3．基本数据分析。

（1）数据排序及条件格式的应用：如【样文 7-1B】所示，使用 Sheet2 工作表中数据，以"总分"为主要关键字，"数学"为次要关键字进行升序排序，并对相关数据应用"图标集"中"四等级"的条件格式，实现数据的可视化效果。

（2）数据筛选：如【样文 7-1C】所示，使用 Sheet3 工作表中的数据，筛选出各科分数均大于或等于 80 的记录。

（3）合并计算：如【样文 7-1D】所示，使用 Sheet4 工作表中的数据，在"各班各科平均成绩表"的表格中进行"平均值"的合并计算操作。

（4）分类汇总：如【样文 7-1E】所示，使用 Sheet5 工作表中的数据，以"班级"为分类字段，对其他各项分别进行"平均值"的分类汇总。

4．数据的透视分析。

如【样文 7-1F】所示，使用"数据源"工作表中的数据，以"班级"为报表筛选项，以"日期"为行标签，以"姓名"为列标签，以"迟到"为计数项，从 Sheet6 工作表的 A1 单元格起建立数据透视表。

第八单元　MS Word&Excel

打开 C:\ATA_MSO\testing\105450-2C7D\WORD\T01_H01\A8.docx，按下列要求操作。

1．选择性粘贴。

在 Excel 2010 中打开文件 C:\ATA_MSO\ testing\105450-2C7D\WORD\T01_H01\TF8-1A.XLSX，将工作表中的表格以"Microsoft Excel 工作表对象"的形式粘贴至 C:\ATA_MSO\testing\105450-2C7D\WORD\T01_H01\A8. docx 文档中标题"恒大中学 2010 年秋季招生收费标准（元）"的下方，结果如【样文 8-1A】所示。

2．文本与表格间的相互转换。

如【样文 8-1B】所示，将"恒大中学各地招生站及联系方式"下的文本转换成 3 列 7 行的表格形式，固定列宽为 4 厘米，文字分隔位置为制表符；为表格自动套用"中等深浅底纹 1-强调文字颜色 4"的表格样式，设置表格对齐方式为居中。

3．录制新宏。

（1）在 Excel 2010 中新建一个文件，在该文件中创建一个名为 A8A 的宏，将宏保存在当前工作簿中，用 Ctrl+Shift+F 组合键作为快捷键，功能为在选定单元格内填入"5+7*20"的结果。

（2）完成以上操作后，将该文件以"启用宏的工作薄"类型保存至 C:\ATA-MSO\testing\105450-2C7D\WORD\T01_H01 文件夹中，文件名为 A8-A。

4．邮件合并。

（1）在 Word 2010 中打开文件 C:\ATA_MSO\testing\105450-2C7D\WORD\T01_H01\TF8-1B.DOCX，以 A8-B. DOCX 为文件名保存至考生文件夹中。

（2）选择"信函"文档类型，使用当前文档，使用文件 C:\ATA_MSO\testing\ 105450 - 2C7D\WORD\T01_H01\TF8-1C. XLSX 中的数据作为收件人信息，进行邮件合并，结果如【样文 8-3C】所示。

（3）将邮件合并的结果以 A8-C.docx 为文件名保存至 C:\ATA_MSO\ testing\ 105450 - 2C7D\WORD\T01_H01 文件夹中。

全真模拟试题二

第一单元　操作系统

1. 启动"资源管理器"。

2. 在 C 盘下新建文件夹，文件夹名为"4000001"。

3. 将 C 盘下的"DATA1"文件夹内 TF1-12.docx、TF3-13.docx、TF4-14.docx、TF5-15.docx、TF6-6.xlsx、TF7-18.xlsx、TF8-4.docx 一次性复制粘贴到"C:\4000001"文件夹中，并分别重命名为 A1.docx、A3. DOCX、A4.docx、A5.docx、A6.xlsx、A7.xlsx、A8.docx。

4. 在控制面板中隐藏"微软雅黑"字体。

5. 在控制面板中将桌面背景更改为"Windows 桌面背景"下"建筑"类中的第 4 张图片。

第二单元　文字录入

1. 新建文件：在"Microsoft Word 2010"程序中，新建一个文档，以 A2.docx 为文件名保存至 C：\ATA_MSO\testing\121156-677F\WORD\T02_B01 文件夹。

2. 录入文本与符号：按照【样文 2-2A】，录入文字、字母、标点符号、特殊符号等。

3. 复制粘贴：将 C：\ATA_MSO\testing\121156-677F\WORD\TO2_BO1\TF2-2.docx 中全部文字复制粘贴到考生文档中，将考生录入文档作为第 2 段插入复制文档之中。

4. 查找替换：将文档中所有"网购"替换为"网上购物"，结果如【样文 2-2B】所示。

第三单元　文档的格式

打开文档 C：\ATA_MSO\testing\121156-677F\WORD\T02_C01\A3.docx，按下列要求设置、编排文档格式。

一、如【样文 3-2A】所示设置【文本 3-2A】

1. 设置字体格式。

（1）将文档标题行的字体设置为华文中宋，字号为小初，并为其添加"渐变填充—紫色，强调文字颜色 4，映像"的文本效果。

（2）将文档副标题的字体设置为隶书，字号为四号，并为其添加"红色，8pt 发光，强调文字颜色 2"的发光文本效果。

（3）将正文歌词部分的字体设置为楷体，字号为四号，字形为加粗。

（4）将文档最后一段的字体设置为微软雅黑，字号为小四，并为文本"《北京精神》"添加着重符。

2. 设置段落格式。

（1）将文档的标题居中对齐，副标题文本右对齐。

（2）将正文中歌词部分左、右侧均缩进 10 个字符，对齐方式为分散对齐，行距为 1.5 倍行距。

（3）将正文最后一段的首行缩进 2 个字符，并设置段前间距为 1 行，行距为单倍行距。

二、如【样文 3-2B】所示设置【文本 3-2B】

1. 拼写检查：改正【文本 3-2B】中拼写错误的单词。

2. 设置项目符号或编号：按照【样文 3-2B】为文档段落添加项目符号。

三、如【样文 3-2C】所示设置【文本 3-2C】

参照【样文 3-2C】，为【文本 3-2C】中的文本添加拼音，并设置拼音的对齐方式为"1—2—1"，偏移量为 2 磅，字号为 16 磅。

第四单元　文档表格

打开文档 C：\ATA_MSO\testing\121156-677F\WORD\T02_D01\A4.docx，按下列要求创建、设置表格，如【样文 4-2】所示。

1. 创建表格并自动套用格式。

在文档的开头创建一个 4 行 6 列的表格，并为新创建的表格自动套用"浅色网格—强调文字颜色 5"的表格样式。

2. 表格的基本操作。

（1）在表格的最右侧插入一空列，并在该列的第一个单元格中输入文本"备注"，其他单元格中均输入文本"已结算"。

（2）根据窗口自动调整表格的列宽，设置表格的行高为固定值 1 厘米。

（3）将单元格"12 月 22 日"和"差旅费"分别与其下方的单元格合并为一个单元格。

3. 表格的格式设置。

（1）为表格的第一行填充主题颜色中"茶色，背景 2，深色 25%"的底纹，文字对齐方式为"水平居中"。

（2）其他各行单元格中的字体均设置为方正姚体、四号，对齐方式为"中部右对齐"。

（3）将表格的外边框线设置为 1.5 磅、"标准色"中的"深蓝色"的单实线，所有内部网格线均设置为 1 磅粗的点划线。

第五单元　文档板式

打开文档 C：\ATA_MSO\testing\121156-677F\WORD\T02_E01\A5.docx，按下列要求设置、编排文档版面，如【样文 5-2】所示。

1．页面设置。

（1）设置纸张大小为信纸（或自定义大小：宽度 21.59 厘米×高度 27.94 厘米），将页边距设置为上、下各 2.5 厘米，左、右各 3.5 厘米。

（2）按样文所示，在文档的页眉处添加页眉文字，页脚处添加页码，并设置相应的格式。

2．艺术字设置。

将标题"大熊湖简介"设置为艺术字样式"填充—红色，强调文字颜色 2，暖色粗糙棱台"；字体为黑体，字号为 48 磅，文字环绕方式为"嵌入型"，为艺术字添加"红色，8pt 发光，强调文字颜色 2"的发光文本效果。

3．文档的版面格式设置。

（1）分栏设置：将正文第 4 段至结尾设置为栏宽相等的三栏格式，显示分隔线。

（2）边框和底纹：为正文的第 1 段添加 1.5 磅、"标准色"中的"深红色"、单实线边框，并为其填充天蓝色（RGB：100，255，255）底纹。

4．文档的插入设置。

（1）插入图片：在样文中所示位置插入图片 C：\ATA_MSO\testing\ 121156-677F\WORD\T02_E01\pic5-2.jpg，设置图片的缩放比例为 55%，环绕方式为四周型，并为图片添加"棱台矩形"的外观形式。

（2）插入尾注：为正文第 6 段的"钻石"两个字插入尾注"钻石：指经过琢磨的金刚石，金刚石是一种天然矿物，是钻石的原石。"

第六单元　电子表格

在 Excel 2010 中打开文件 C:\ATA_MSO\testing\121156-677F\EXCEL\T02_F01\A6.xlsx，并按下列要求进行操作。

一、设置工作表及表格，结果如【样文 6—2A】所示

1．工作表的基本操作。

（1）将 Sheet1 工作表中的所有内容复制粘贴到 Sheet2 工作表中，并将 Sheet2 工作表重命名为"收支统计表"，将此工作表标签的颜色设置为标准色中的"绿色"。

（2）在"有线电视"所在行的上方插入一行，并输入样文中所示的内容；将"餐费支出"

行上方的一行（空行）删除；设置标题行的行高为"30"。

2．单元格格式的设置。

（1）在"收支统计表"工作表中，将单元格区域 A1：E1 合并后居中，设置字体为华文行楷、22 磅、"标准色"中的"浅绿色"，并为其填充"标准色"中的"深蓝色"底纹。

（2）将单元格区域 A2：E2 的字体设置为华文楷体、14 磅、加粗。

（3）将单元格区域 A2：A9 的底纹设置为"标准色"中的"橙色"。设置整个表格中文本的对齐方式均为水平居中、垂直居中。

（4）将单元格区域 A2：E9 的外边框设置为"标准色"中"紫色"的粗虚线，内部框线设置为"标准色"中"蓝色"的细虚线。

3．表格的插入设置。

（1）在"收支统计表"工作表中，为 345（D7）单元格插入批注"本月出差"。

（2）在"收支统计表"工作表中表格的下方建立如样章中所示的公式，并为其应用"细微效果—红色，强调颜色 2"的形状样式。

二、建立图表，结果如【样文 6—2B】所示

1. 使用"收支统计表"工作表中的"项目"和"季度总和"两列数据，在 Sheet3 工作表中创建一个分离型圆环图。

2. 如【样文 6-2B】所示为图表添加标题。

三、工作表的打印设置

1. 在"收支统计表"工作表第 6 行的上方插入分页符。

2. 设置表格的标题行为顶端打印标题，打印区域为单元格区域 A1：E18，设置完成后进行打印预览。

第七单元　电子表格

打开文档 C：\ATA_MSO\testing\121156-677F\EXCEL\T02_G01\A7.xlsx，按下列要求操作。

1．数据的查找与替换。

如【样文 7-2A】所示，在 Sheet1 工作表中查找出所有的数值"100"，并将其全部替换为"150"。

2．公式、函数的应用。

如【样文 7-2A】所示，使用 Sheet1 工作表中的数据，应用函数公式计算出"实发工资"数，将结果填写在相应的单元格中。

3．基本数据分析。

（1）数据排序及条件格式的应用：如【样文 7-2B】所示，使用 Sheet2 工作表中的数据，以"基本工资"为主要关键字，"津贴"为次要关键字进行降序排序，并对相关数据应用"图标集"中"三色旗"的条件格式，实现数据的可视化效果。

（2）数据筛选：如【样文 7-2C】所示，使用 Sheet3 工作表中的数据，筛选出部门为"工

程部"，基本工资大于"1700"的记录。

（3）合并计算：如【样文7-2D】所示，使用Sheet4工作表中"一月份工程原料款（元）"和"二月份工程原料款（元）"表格中的数据，在"利达公司前两个月所付工程原料款（元）"的表格中进行"求和"的合并计算操作。

（4）分类汇总：如【样文7-2E】所示，使用Sheet5工作表中的数据，以"部门"为分类字段，对"基本工资"与"实发工资"进行"平均值"的分类汇总。

4．数据的透视分析。

如【样文7-2F】所示，使用"数据源"工作表中的数据，以"项目工程"为报表筛选项，以"原料"为行标签，以"日期"为列标签，以"金额"为求和项，从Sheet6工作表的A1单元格起建立数据透视表。

第八单元　MS Word&Excel

打开C：\ATA_MSO\testing\121156-677F\WORD\T02_H01\A8.docx，按下列要求操作。

1．选择性粘贴。

在Excel 2010中打开文件C：\ATA_MSO\testing\121156-677F\WORD\T02_H01\TF8-2A.xlsx，将工作表中的表格以"Microsoft Excel工作表对象"的形式粘贴至C：\ATA_MSO\testing\121156-677F\WORD\T02_H01\A8.docx文档中标题"2010年南平市市场调查表"的下方，结果如【样文8-2A】所示。

2．文本与表格间的相互转换。

如【样文8-2B】所示，将"北极星手机公司员工一览表"下的表格转换成文本，文字分隔符为制表符。

3．录制新宏。

（1）在Excel 2010中新建一个文件，在该文件中创建一个名为A8A的宏，将宏保存在当前工作簿中，用Ctrl+Shift+F组合键作为快捷键，功能为在当前光标处插入分页符。

（2）完成以上操作后，将该文件以"启用宏的Word文档"类型保存至C：\ATA_MSO\testing\121156-677F\WORD\T02_H01文件夹中，文件名为A8-A。

4．邮件合并

（1）在Word 2010中打开文件C：\ATA_MSO\testing\121156-677F\WORD\T02_H01\TF8-2B.docx，以A8-B.docx为文件名保存至C：\ATA_MSO\testing\121156-677F\WORD\T02_H01\文件夹中。

（2）选择"信函"文档类型，使用当前文档，使用文件C：\ATA_MSO\testing\121156-677F\WORD\T02_H01\TF8-2C.xlsx中的数据作为收件人信息，进行邮件合并，结果如【样文8-2C】所示。

（3）将邮件合并的结果以A8-C.docx为文件名保存至C：\ATA_MSO\testing\121156-677F\WORD\T02_H01文件夹中。

全真模拟试题三

第一单元 操作系统

1. 启动"资源管理器"。

2. 在 C 盘下新建文件夹，文件夹名为"4000001"。

3. 将 C 盘下的"DATA1"文件夹内 TF1-12.docx、TF3-13.docx、TF4-14.docx、TF5-15.docx、TF6-6.docx、TF7-18.docx、TF8-4.docx 一次性复制粘贴到"C:\40000001"文件夹中，并分别重命名为 A1. DOCX、A3. DOCX、A4. DOCX、A5. DOCX、A6. DOCX、A7. DOCX、A8. DOCX。

4. 在控制面板中将系统中的"日期和时间"更改为"2010 年 10 月 1 日 10 点 50 分 30 秒"。

5. 在资源管理器中删除桌面上"便笺"的快捷方式。

第二单元 文字录入

1. 新建文件：在"Microsoft Word 2010"程序中，新建一个文档，以 A2.docx 为文件名保存至 C;\ATA-MSO\testing\105920-2FEE\WORD\T03-B01\TF2-3.docx 文件。

2. 录入文本与符号：按照【样文 2-3A】，录入文字、字母、标点符号、特殊符号等。

3. 复制粘贴：将 C:\ATA-MSO\testing\105920-2FEE\WORD\T03-B01\TF2-3.docx 中全部文字复制粘贴到考生录入的文档之后。

4. 查找替换：将文档中所有"极速运动"替换为"极限运动"，结果如【样文 2-3B】所示。

第三单元 文档的格式

打开文档 C:\ATA-MSO\testing\105920-2FEE\WORD\T03-C01\A3.docx，按下列要求设置、编制文档格式。

一、如【样文 3-3A】所示设置【文本 3-3A】

1．设置字体格式。

（1）将文档第 1 行的字体设置为华文行楷，字号为 3 号，字体颜色为深蓝色。

（2）将文档标题的字体设置为华文彩云，字号为小初，并为其添加"填充—橙色，强调文字颜色 6，渐变轮廓—强调文字颜色 6"的文本效果。

（3）将正文第 1 段的字体设置为仿宋，字号为四号，字形为倾斜。

（4）将正文第 2～6 段的字体设置为华文细黑，字号为小四，并为文本"普遍性""方便性""整体性""安全性""协调性"添加双下画线。

2．设置段落格式。

（1）将文档的第 1 行文本右对齐，标题行居中对齐。

（2）将正文第 1 段的首行缩进 2 个字符，段落间距为段前 0.5 行、段后 0.5 行，行距为固定值 20 磅。

（3）将正文第 2～6 段悬挂缩进 4 个字符，并设置行距为固定值 20 磅。

二、如【样文 3-3B】所示设置【文本 3-3B】

1．拼写检查：改正【文本 3-3B】中拼写错误的单词。

2．设置项目符号和编号：按照【样文 3-3B】为文档段落添加项目符号。

三、如【样文 3-3C】所示设置【文本 3-3C】

按照【样文 3-3C】所示，为【文本 3-3C】中的文本添加拼音，并设置拼音的对齐方式为"左对齐"，偏移量为 3 磅，字体为华文隶书。

第四单元　文档表格

打开文档 C:\ATA-MSO\testing\105920-2FEE\WORD\T03-D01\A4.docx，按以下要求创建、设置表格，如【样文 4-3】所示。

1．创建表格并自动套用格式。

在文档的开头创建一个 5 行 5 列的表格，并为新创建的表格以"流行型"为样式基准，自动套用"中等深浅网格 3—强调文字颜色 3"的表格样式。

2．表格的基本操作。

（1）将表格中的第一行（空行）拆分为 1 行 7 列，并依次输入相应的内容。

（2）根据窗口自动调整表格后平均分布各列，将第一行的行高设置为 1.5 厘米。

（3）将"7"一行移至"8"一行的上方。

3．表格的格式设置。

（1）将表格第 1 行的字体设置为华文新魏，字号为三号，并为其填充浅青绿色（RGB:102，255，255）底纹，文字对齐方式为"水平居中、垂直居中"。

（2）其他各行单元格中的字体均设置为华文细黑、深蓝色，对齐方式为"靠下居中对齐"。

（3）将表格的外边框线设置为 1.5 磅的单实线，第一行的下边框线设置为橙色的双实线。

第五单元　文档板式

打开文档 C:\ATA-MSO\testing\105920-2FEE\WORD\T03-E01\A5.docx，按下列要求设置、编排文档的版面，如【样文 5-3】所示。

1．页面设置。

（1）设置纸张的方向为横向，设置页边距为预定义页边距"窄"。

（2）按样文所示，在文档的页眉处添加页眉文字和页码，并设置相应的格式。

2．艺术字设置。

将标题"味精食用不当易中毒"设置为艺术字样式"填充—蓝色，强调文字颜色 1，内部阴影—强调文字颜色 1"；字体为华文琥珀，字号为 55 磅，文字环绕方式为"顶端居中，四周型文字环绕"；为艺术字添加"平行，离轴 2 左"三维旋转的文字效果。

3．文档的版面格式设置。

（1）分栏设置：将正文第 2 段至结尾设置为栏宽相等的两栏格式，不显示分隔线。

（2）边框和底纹：为正文的最后两段添加 1.5 磅、浅蓝色、双实线、带阴影的边框，并为其填充图案样式 10%的底纹。

4．文档的插入设置。

（1）插入图片：在样文中所示位置插入图片 C;\ATA-MSO\ testing\105920-2FEE\WORD\T03-E01\pic5-3.jpg，设置图片的缩放比例为 75%，环绕方式为四周型，并为图片添加"柔化边缘椭圆"的外观样样式。

（2）插入尾注：为正文第一段的"味精"两个字插入尾注"味精：调味料的一种，主要成分为谷氨酸钠。"

第六单元　电子表格

在 Excel 2010 中打开文件 C:\ATA-MSO\testing\105920-2FEE\EXCEL\T03-F01\A6.xlsx，并按下列要求进行操作。

一、设置工作表及表格，结果如【样文 6-3A】所示

1．工作表的基本操作。

（1）将 Sheet1 工作表中的所有内容复制到 Sheet2 工作表中，并将 Sheet2 工作表重命名为"客户订单查询表"，将此工作表标签的颜色设置为标准色中的"紫色"；

（2）将"10005"一行移至 "10006"一行的上方，将"E"列（空列）删除；设置标题行的行高未 3，整个表格的列宽均为 10。

2．单元格格式的设置。

（1）在"客户订单查询表"工作表中，将单元格区域 A1：E1 合并后居中，设置字体为华

文彩云、26磅、加粗、橙色（RGB：226，110，10），并为其填充图案样式6.25%灰色底纹；

（2）将单元格区域A2：E2的字体设置为华文细黑，居中对齐，并为其填充橙色（RGB：226，110，10）底纹；

（3）将单元格区域A3：E9的底纹设置为浅橙色（RGB：250，190，140），设置整个表格中文本的对齐方式均为水平居中、垂直居中；

（4）设置单元格区域D3：E9的数据小数位数只显示1位；

（5）将单元格区域A2：E9的外边框设置为深蓝色的双实线，内部框线设置为浅蓝色的细实线。

3．表格的插入设置。

（1）在"客户订单查询表"工作表中，为0.0（E5）单元格插入批注"未付定金"；

（2）在"客户订单查询表"工作表中表格的下方建立公式，并为其应用"彩色填充-橙色，强调颜色6"的形状样式。

二、建立图表，结果如【样文6-3B】所示

1. 使用"客户订单查询表"工作表中的相关数据在Sheet3工作表中创建一个三维簇状条形图。

2. 如【样文6-3B】所示为图表添加图表标题及坐标标题。

三、工作表的打印设置

1. 在"客户订单查询表"工作表第6行的上方插入分页符。

2. 设置表格的标题行为顶端打印标题，设置完成后进行打印预览。

第七单元　电子表格

打开文档 C:\ATA-MSO\testing\105920-2FEE\EXCEL\T03-G01\A7.xlsx，按下列要求操作。

1．数据的查找与替换。

如【样文7-3A】所示，在Sheet1工作表中查找出所有的数值"J-06"，并将其全部替换为"G-06"。

2．公式、函数的应用。

如【样文7-3A】所示，在Sheet1工作表中的数据，应用函数公式计算出"合格率"，将结果填写在相应的单元格中。

3．基本数据分析。

（1）数据排序及条件格式的应用：如【样文7-3B】所示，使用Sheet2工作表中数据，以"总数（个）"为主要关键字，"产品型号"为次要关键字进行降序排序，并对相关数据应用"图标集"中"3个三角形"的条件格式，实现数据的可视化效果。

（2）数据筛选：如【样文7-3C】所示，使用Sheet3工作表中的数据，筛选出"不合格产品（个）"小于"200"，"合格产品（个）"大于"5000"的记录。

（3）合并计算：如【样文 7-3D】所示，使用 Sheet4 工作表中"上半年各车间产品合格情况表"和"下半年各车间产品合格情况表"表格中的数据，在"全年各车间产品合格情况统计表"的表格中进行"求和"的合并计算操作。

（4）分类汇总：如【样文 7-3E】所示，使用 Sheet5 工作表中的数据，以"产品型号"为分类字段，对其他各项分别进行"求和"的分类汇总。

4．数据的透视分析。

如【样文 7-3F】所示，使用"数据源"工作表中的数据，以"产品规格"为报表筛选项，以"季度"为行标签，以"车间"为列标签，以"不合格产品（个）""合格产品（个）""总数（各）"为求和项，从 Sheet6 工作表的 A1 单元格起建立数据透视表。

第八单元　MS Word&Excel

打开 C:\ATA-MSO\testing\105920-2FEE\WORD\T03-H01\A8.docx，按下列要求操作。

1．选择性粘贴。

在 Excel 2010 中打开文件 C:\ATA-MSO\ testing\105920- 2FEE\WORD\ T03-H01\TF8-3A.xlsx，将工作表中的表格以"Microsoft Excel 工作表对象"的形式粘贴至 C:\ATA-MSO\testing\ 105920-2FEE\ WORD\ T03-H01\A8.docx 文档中标题"大明公司员工政治面貌统计表"的下方，结果如【样文 8-3A】所示。

2．文本与表格间的相互转换。

如【样文 8-3B】所示，将"部分商品利润分析表"下的文本转换成 6 列 10 行的表格形式，列宽为固定值 2.3 厘米，文字分隔位置为制表符；为表格自动套用"中等深浅列表 2"的表格样式，表格对齐方式为居中。

3．录制新宏。

（1）在 Excel 2010 中新建一个文件，在该文件中创建一个名为 A8A 的宏，将宏保存在当前工作簿中，用"Ctrl+Shift+F"组合键作为快捷键，功能为将选定单元格的字体设置为方正姚体、20 磅、红色。

（2）完成以上操作后，将该文件以"启用宏的工作薄"类型保存至 C:\ATA-MSO\testing\105920-2FEE\WORD\T03-H01 文件夹中，文件名为 A8-A。

4．邮件合并。

（1）在 Word 2010 中打开文件 C:\ATA-MSO\testing\105920-2FEE\WORD\T03-H01\TF8-3B.docx，以 A8-B. DOCX 为文件名保存至考生文件夹中；

（2）选择"信函"文档类型，使用当前文档，使用文件 C:\ATA-MSO\testing\ 105920-2FEE\WORD\T03-H01\TF8-3C.xlsx 中的数据作为收件人信息，进行邮件合并，结果如【样文 8-3C】所示。

（3）将邮件合并的结果以 A8-C.docx 为文件名保存至 C:\ATA-MSO\ testing\105920-2FEE\WORD\T03-H01\文件夹中。

全真模拟试题一精解

第一单元　操作系统

1. 在桌面上，鼠标右键单击"开始"菜单，选中"打开 Windows 资源管理器"项。

2. 在桌面上，单击"开始"菜单→"计算机"项，在"计算机"窗口中，双击"本地磁盘(C:)"项。在"本地磁盘(C:)"右边窗口中的空白处，单击鼠标右键，在弹出的菜单中选中"新建"→"文件夹"项，输入"4000001"，回车。

3. 在桌面上，单击"开始"菜单→"计算机"项；在"计算机"窗口中，双击"本地磁盘(C:)"项。在"本地磁盘(C:)"窗口中，双击"DATA1"项；按住"Ctrl"键，选中文件"TF1-12.docx、TF3-13.docx、TF4-14.docx、TF5-15.docx、TF6-6.xlsx、TF7-18.xlsx、TF8-4.docx"，使用快捷方式"Ctrl+C"；单击地址栏上的"本地磁盘(C:)"项，双击右边窗口的"4000001"项，在右边空白处，单击鼠标右键选择"粘贴"项。选中"TF1-12"，单击鼠标右键选中"重命名"项，输入"A1"，回车；选中"TF3-13"，单击鼠标右键选中"重命名"项，输入"A3"，回车；选中"TF4-14"，单击鼠标右键选中"重命名"项，输入"A4"，回车；选中"TF5-15"，单击鼠标右键选中"重命名"项，输入"A5"，回车；选中"TF6-6"，单击鼠标右键选中"重命名"项，输入"A6"，回车；选中"TF7-18"，单击鼠标右键选中"重命名"项，输入"A7"，回车；选中"TF8-4"，单击鼠标右键选中"重命名"项，输入"A8"，回车。

4. 通过"开始"菜单，打开控制面板；单击"区域和语言"项，在新打开的窗口中，选中"键盘和语言"选项卡，单击"更改键盘"按钮。在新打开的窗口中，单击"添加"按钮，选中"中文(简体) - 微软拼音-简捷 2010"复选框，依次单击"确定"按钮。

5. 单击"开始"菜单，单击"所有程序"，单击"附件"，右键单击"截图工具"项，选择"发送到"→"桌面快捷方式"项。

第二单元　文字录入

1. 启动 Word，单击"保存"按钮，"保存位置"按指定路径，在"文件名"编辑框中输入"A2"，在"保存类型"下拉框中选择"Word 文档（*.docx）"，单击"保存"按钮。

2. 如【样文 2-1A】所示录入文字、字母、标点符号。将光标定位在文档第 1 段开头处，单击"插入"选项卡，在"符号"组中单击"符号"下拉按钮，选择"其他符号"项，选择"符号"选项卡，选择"字体"下拉框中的"(普通文本)"，在"字符代码"编辑框中键入"203B"，单击"插入"按钮，单击"关闭"按钮；将光标定位在第 1 段末尾处，用相同方法插入符号。

3. 单击"文件"选项卡，单击"打开"项，"查找范围"按指定路径，单击"TF2-1B.docx"，单击"打开"按钮；选中全文，单击鼠标右键，选择"复制"项，切换到"A2.docx"，将光标定位在录入文字后，单击回车键，单击鼠标右键，选择"粘贴"项。

4. 将光标定位在文档开始处，单击"开始"选项卡，在"编辑"组中单击"编辑"按钮，单击"替换"按钮，在"查找内容"编辑框中输入"核站"，在"替换为"编辑框中输入"核电站"，单击"全部替换"按钮，单击"确定"按钮后单击"关闭"按钮。

单击"文件"选项卡，单击"保存"项。

第三单元　文档的格式

单击"文件"选项卡，单击"打开"项，"查找范围"按指定路径，选择"A3.docx"，单击"打开"按钮。

一、如【样文 3-1A】所示设置【文本 3-1A】

1．设置字体格式。

（1）选中【文本 3-1A】下的第 1 行文字"《沁园春·雪》"，单击"开始"选项卡，在"字体"组中单击"字体"下拉框，选择"华文行楷"，在"字号"下拉框中选择"一号"，单击"文本效果"按钮，选择"填充—蓝色，透明强调文字颜色 1，轮廓 – 强调文字颜色 1"。

（2）选中副标题"毛泽东（1936 年 2 月）"，单击"开始"选项卡，在"字体"组中单击"字体"下拉框，选择"华文新魏"，在"字号"下拉框中选择"四号"，单击"字体颜色"右侧的下拉按钮，在"标准色"区域选择"深红"。

（3）选中正文诗词部分"北国风光……还看今朝!"，单击"开始"选项卡，在"字体"组中单击"字体"下拉框，选择"方正姚体"，在"字号"下拉框中选择"小四"，单击"倾斜"按钮。

（4）选中"注释译文"4 个字，单击"开始"选项卡，在"字体"组中单击"字体"下拉框，选择"微软雅黑"，在"字号"下拉框中选择"小四"，单击"下画线"右侧的下拉按钮，选择"其他下画线"，在"字体"选项卡的"所有文字"区域，选择"下画线线型"下拉框中的双波浪线（最后 1 个），单击"确定"按钮。

2．设置段落格式。

（1）选中标题文字"《沁园春·雪》"和副标题文字"毛泽东（1936 年 2 月）"，单击"开始"选项卡，在"段落"组中，单击"居中"按钮。

（2）选中正文诗词部分"北国风光……还看今朝!"，单击"开始"选项卡，单击"段落"对话框启动器，选择"缩进和间距"选项卡，在"缩进"区域的"左侧"编辑框中输入"10 字符"，在"间距"区域的"段前""段后"编辑框中均输入"0.5 行"，在"行距"下拉框中选择"固定值",在"设置值"编辑框中输入"18 磅",单击"确定"按钮。

（3）选中"北方的风光，……（暗指无产革命阶级将超越历代英雄的信心）。"两段文字，单击"开始"选项卡，单击"段落"对话框启动器，选择"缩进和间距"选项卡，在"缩进"区域的"特殊格式"下拉框中选择"首行缩进"，在"磅值"编辑框中输入"2 字符"，在"间距"区域的"行距"下拉框中选择"1.5 倍行距"，单击"确定"按钮。

二、如【样文 3-1B】所示设置【文本 3-1B】

1. 选中【文本 3-1B】下面的 3 段文字，单击"审阅"选项卡，单击"校对"组中的"拼写和语法"按钮，参照样章在"建议"框中选择相应的项，单击"更改"按钮（如无需修改，则单击"忽略一次"按钮），修改完成后，单击"关闭"按钮。

2. 选中【文本 3-1B】下面的 3 段文字，单击"开始"选项卡，在"段落"组中，单击"项目符号"旁的下拉按钮，参照样章在"项目符号库"区域选择相应的项目符号。

三、如【样文 3-1C】所示设置【文本 3-1C】

选中【文本 3-1C】下的两行文本，单击"开始"选项卡，在"字体"组中，单击"拼音指南"按钮，在"偏移量"编辑框中输入"3"，在"对齐方式"下拉框中选择"居中"，在"字号"下拉框中选择"14"，单击"确定"按钮。

单击"文件"选项卡，单击"保存"项。

第四单元　文档表格

单击"文件"选项卡，单击"打开"项，"查找范围"按指定路径，选择"A4.docx"，单击"打开"按钮。

1. 创建表格并自动套用格式。

将光标定位在文档开始处，单击"插入"选项卡，在"表格"组中，单击"表格"按钮，选择"插入表格"项，在"表格"尺寸区域的"列数"编辑框中输入"7"，在"行数"编辑框中输入"3"，单击"确定"按钮。单击"表格工具"下的"设计"选项卡，在"表格样式"组中，单击"表格样式"右侧的"其他"按钮，选择"中等深浅网格 1 – 强调文字颜色 4"。

2. 表格的基本操作。

（1）选中"不合格产品（件）"列右侧的空列，单击鼠标右键，选择"删除列"项。

（2）选中"第四车间"所在行，单击鼠标右键选择"剪切"，选中"第五车间"所在行，单击鼠标右键选择"粘贴选项"下的"以新行的形式插入"项。

（3）选中第 1 行前两个单元格，单击右键选择"合并单元格"项；参照样章，选中"一月份各车间产品合格情况"下的整个表格，单击鼠标右键选择"平均分布各列"。

3. 表格的格式设置。

（1）选中表格 2~6 行的 2~4 列的所有数值，单击"开始"选项卡，在"段落"组中，单击"居中"按钮。

（2）选中表格第 1 行，单击鼠标右键选择"边框和底纹"项，在"底纹"选项卡的"填充"下拉框中选择"标准色"区域的"橙色"项，在"应用于"下拉框中选择"单元格"项，单击"确定"按钮。选中表格其余各行，单击鼠标右键选择"边框和底纹"项，在"底纹"选项卡的"填充"下拉框中选择"其他颜色"，选择"自定义"选项卡，在"红色""绿色""蓝色"编辑框中分别输入"255""153""204"，单击"确定"按钮，在"应用于"下拉框中选择"单元格"项，单击"确定"按钮。

（3）选中整个表格，单击鼠标右键选择"边框和底纹"项，选择"边框"选项卡，在"设置"区域选择"自定义"项，在"样式"列表框中，选择"双实线"（第 7 个），在"宽度"下拉框中选择"1.5 磅"，在"预览"区域，分别单击两下"上边框""下边框""左边框""右边框"按钮，在"样式"列表框中，选择"点画线"（第 6 个），在"宽度"下拉框中选择"0.5 磅"，在"预览"区域，单击两次"内部横线"按钮，在"样式"列表框中，选择"细实线"（第 1 个），在"宽度"下拉框中选择"0.5 磅"，在"预览"区域，单击两次"内部竖线"按钮，在"应用于"下拉框中选择"表格"，单击"确定"按钮。

单击"文件"选项卡，单击"保存"项。

第五单元　文档板式

单击"文件"选项卡，单击"打开"项，"查找范围"按指定路径，选择"A5.docx"，单击"打开"按钮。

1.页面设置。

（1）单击"页面布局"选项卡，单击"页面设置"对话框启动器，选择"纸张"选项卡，在"纸张大小"区域的"宽度"和"高度"编辑框中分别输入"20 厘米"和"25 厘米"；选择"页边距"选项卡，在"页边距"区域的"上""下"编辑框中均输入"1.8厘米"，在"左""右"编辑框中均输入"2厘米"，在"预览"区域的"应用于"下拉列表中选择"整篇文档"，单击"确定"按钮。

（2）单击"插入"选项卡，在"页眉和页脚"组中单击"页眉"下拉按钮，选择"空白(三栏)"项，在最左侧的"键入文字"区域，输入文字"散文欣赏"，选中中间的"键入文字"区域，单击"Delete"键删除；在最右侧的"键入文字"区域，单击"页眉和页脚工具"下的"设计"选项卡。在"页眉和页脚"组中单击"页码"按钮选择"当前位置"下的"普通数字"，在"1"的两边分别键入"第"和"页"，单击"页眉和页脚工具"下的"设计"选项卡下的"关闭"组中的"关闭页眉和页脚"按钮。

2.艺术字设置。

选中标题文字"画鸟的猎人"，单击"插入"选项卡，在"文本"组中单击"艺术字"按钮，选择"填充—橙色，强调文字颜色 6，暖色粗糙棱台"，选中该艺术字，单击"开始"选项卡，在"字体"组中的"字体"下拉列表中选择"华文行楷"，在"字号"编辑框中输入"44"，单击回车键，单击"绘图工具"选项卡下的"格式"选项卡，在"排列"组中单击"自动换行"按钮，选择"嵌入型"，在"艺术字样式"组中单击"文字效果"按钮，单击"映像"选择"紧密映像，8 pt 偏移量"，单击"文字效果"按钮，单击"转换"项，选择"弯曲"区域的"停止"。

3．文档的版面格式设置。

（1）选中正文除第 1 段以外的其余各段，单击"页面布局"选项卡，在"页面设置"组中，单击"分栏"下拉按钮，选择"更多分栏"项，在"预设"中选择"两栏"项，选中"分隔线"复选框，在"间距"编辑框中输入"3 字符"，单击"确定"按钮。

（2）选中正文最后一段，单击"开始"选项卡，在"段落"组中，单击"下框线"旁边的下拉按钮，选择"边框和底纹"项，选择"边框"选项卡，在"设置"区域选择"方框"，在"样式"列表框中选择"双波浪线"，在"应用于"下拉列表中选择"段落"项；选择"底纹"选项卡，在"图案"区域的"样式"下拉框中选择"10%"，在"应用于"下拉列表中选择"段落"项，单击"确定"按钮。

4．文档的插入设置。

（1）将光标定位在文档任意处，单击"插入"选项卡，在"插图"组中，单击"图片"按钮，在"查找范围"下拉列表中选择指定路径下的"PIC5-1.jpg"，单击"插入"按钮。选中该图片，单击"图片工具"选项卡下的"格式"选项卡，单击"大小"对话框启动器，选择"大小"选项卡，在"缩放"区域保持对"锁定纵横比"复选框的选中，在"缩放"区域的"高度"编辑框中输入"45%"；选择"文字环绕"选项卡，选中"环绕方式"区域的"紧密型"，单击"确定"按钮。依然选中该图片，单击"图片工具"选项卡下的"格式"选项卡，在"图片样式"组中，单击"图片样式"右侧的"其他"按钮，选择"剪裁对角线，白色"，参照样章适当调整图片位置。

（2）选中第 2 行中的文字"艾青"，单击"引用"选项卡，在"脚注"组中单击"插入尾注"按钮，在尾注区域输入文字"艾青（1910-1996）：现、当代诗人，浙江金华人。"

单击"文件"选项卡，单击"保存"项。

第六单元　电子表格

单击"文件"选项卡，单击"打开"项，"查找范围"按指定路径，选择"A6.xlsx"，单击"打开"按钮。

一、如【样文 6-1A】所示设置工作表及表格

1．工作表的基本操作。

（1）选择 Sheet1 工作表，选中 A1:H9 单元格区域，按"Ctrl+C"快捷键复制，选中 Sheet2 工作表的 A1 单元格，按"Ctrl+V"快捷键粘贴；选中 Sheet2 工作表标签，单击鼠标右键选择"重命名"，输入文字"销售情况表"，单击回车键，选中"销售情况表"工作表标签，单击右键选择"工作表标签颜色"，选中"标准色"区域的"橙色"。

（2）选中第 3 行，单击鼠标右键选择"插入"；选中第 3 行，单击鼠标右键选择"行高"项，打开"行高"对话框，在"行高"文本框中输入"10"，单击"确定"按钮，选中"郑州"

所在的行，按"Ctrl+X"快捷键剪切，选中"商丘"所在行，单击鼠标右键选择"插入剪切的单元格"。选中 G 列，单击鼠标右键选择"删除"。

2．单元格格式的设置。

（1）选择"销售情况表"工作表，选中 B2:G3 单元格区域，单击"开始"选项卡，单击"对齐方式"组中的"合并后居中"按钮，在"字体"组中分别选择"字体"下拉列表中的"华文仿宋"和"字号"下拉列表中的"20"，单击"加粗"按钮，单击"填充颜色"右侧的下拉按钮，选择"其他颜色"，选择"自定义"选项卡，分别在"红色""绿色""蓝色"编辑框中输入"146""205""220"，单击"确定"按钮。

（2）选中 B4:G4 单元格区域，单击"开始"选项卡，在"字体"组中分别选择"字体"下拉列表中的"华文行楷""字号"下拉列表中的"14"和"字体颜色"中"主题颜色"下的"白色，背景 1"，单击"居中"按钮，单击"填充颜色"右侧的下拉按钮，选择"其他颜色"，选择"自定义"选项卡，分别在"红色""绿色""蓝色"编辑框中输入"200""100""100"，单击"确定"按钮。

（3）选中单元格区域 B5:G10，选中"开始"选项卡，在"字体"组中分别选择"字体"下拉列表中的"华文细黑"和"字号"下拉列表中的"12"，单击"对齐方式"组中的"居中"按钮，单击"填充颜色"右侧的下拉按钮，选择"其他颜色"，选择"自定义"选项卡，分别在"红色""绿色""蓝色"编辑框中输入"230""175""175"，单击"确定"按钮。单击鼠标右键选择"设置单元格格式"项，选择"边框"选项卡，在"样式"列表框中选择第 2 列第 5 个线型，在"颜色"下拉框中选择"标准色"下的"深红"，单击"外边框"按钮，在"样式"列表框中选择第 1 列倒数第 2 个线型，单击"内部"按钮，单击"确定"按钮。

3．表格的插入设置。

（1）选中 C7 单元格，单击鼠标右键选择"插入批注"，输入"该季度没有进入市场"。

（2）单击 B14 单元格，单击"插入"选项卡，在"符号"组中单击"公式"按钮，在"公式工具"的"设计"选项卡中，单击"结构"组中的"根式"按钮，在"常用根式"中选择第 1 个样式，选中该公式，在"绘图工具"的"设计"选项卡中，单击"形状样式"组中的"形状样式"下拉按钮选择"强烈效果–蓝色，强调颜色 1"（最后行第 2 个），参照样章适当调整公式的大小和位置。

二、如【样文6-1B】所示建立图表

选中 B4:F10 单元格区域，单击"插入"选项卡，在"图表"组中单击"柱形图"，选择"三维柱形图"下的"三维簇状柱形图"，单击"图表工具"选项卡下的"布局"选项卡，单击"标签"组中的"图表标题"按钮，选择"图表上方"，在"图表标题"框中输入文字"利达公司各季度销售情况表"，单击"坐标轴标题"按钮，选择"主要横坐标轴标题"，选择"坐标轴下方标题"，输入文字"城市"，单击"坐标轴标题"按钮，选择"主要纵坐标轴标题"，选择"竖排标题"，输入文字"销售额"，单击"图表工具"选项卡下的"设计"选项卡，在"位置"组中单击"移动图表"按钮，在"对象位于"下拉列表中选择"Sheet3"，单击"确定"按钮。（适当调整图表的位置后取消对其的选中。）

三、工作表的打印设置

选中"销售情况表"工作表中的第 8 行，单击"页面布局"选项卡，在"页面设置"组中，单击"分隔符"按钮，选择"插入分页符"项，单击"打印标题"按钮，在"打印标题"区域的"顶端标题行"编辑框中输入"$2: $3"，在"打印区域"编辑框中输入"$A$1:$G$16"，单击"确定"按钮。（适当调整各列列宽，使其完整显示。）

单击"文件"选项卡，单击"保存"项。

第七单元　电子表格

单击"文件"选项卡，单击"打开"项，"查找范围"按指定路径，单击"A7.xlsx"，选择"打开"按钮。

1．数据的查找与替换。

选择"Sheet1"工作表，单击 A1 单元格，选择"开始"选项卡，在"编辑"组中单击"查找和选择"按钮，选择"替换"；在"查找内容"和"替换为"编辑框中分别键入"88"和"80"，单击"全部替换"按钮；单击"确定"按钮，单击"关闭"按钮。

2．公式、函数的应用。

在"G3"单元格中输入公式"=SUM(C3:F3)"，利用填充柄向下拖曳公式到 G14 单元格，选中"C15"单元格，在该单元格中输入公式"=AVERAGE(C3:C14)"，按下回车键即可求出"C15"单元格的值；选中"C15"单元格，利用自动填充手柄向右拖曳至"F15"单元格，求出所有平均分的值。

3．基本数据分析。

（1）选择"Sheet2"工作表；选中"A2:G14"单元格，单击"数据"选项卡，在"排序和筛选"组中，单击"排序"按钮，在"主要关键字"下拉列表中选择"总分"，在"排序依据"下拉列表中选择"数值"，在"次序"下拉列表中选择"升序"，单击"添加条件"按钮，在"次要关键字"下拉列表中选择"数学"，在"排序依据"下拉列表中选择"数值"，在"次序"下拉列表中选择"升序"，单击"确定"按钮。选中"C3:F14"单元格区域，选中"开始"选项卡，在"样式"组中，单击"条件格式"按钮，选择"图标集"，在"等级"区域选择"四等级"。

（2）选择"Sheet3"工作表；选中"A2:F14"单元格，单击"数据"选项卡，在"排序和筛选"组中，单击"筛选"按钮，单击"语文"的下拉按钮，选择"数字筛选"→"大于或等于"项，在"大于或等于"旁的编辑框中输入"80"，单击"确定"按钮。单击"数学"的下拉按钮，选择"数字筛选"→"大于或等于"项，在"大于或等于"旁的编辑框中输入"80"，单击"确定"按钮。单击"英语"的下拉按钮，选择"数字筛选"→"大于或等于"项，在"大于或等于"旁的编辑框中输入"80"，单击"确定"按钮。单击"政治"的下拉按钮，选择"数字筛选"→"大于或等于"项，在"大于或等于"旁的编辑框中输入"80"，单击"确定"按钮。

（3）选择"Sheet4"工作表，将光标定位在"I3"单元格，单击"数据"选项卡，在"数据工具"组中，单击"合并计算"按钮，选中"函数"下拉列表中的"平均值"项，在"引用位置"编辑框中输入"$B$3：$F$14"，单击"添加"按钮，选中"标签位置"区域的"最左列"项，单击"确定"按钮。

（4）选择"Sheet5"工作表，选中"B2"单元格，单击"数据"选项卡，在"排序和筛选"组中单击"降序"按钮。单击"分级显示"组中的"分类汇总"按钮，在"分类字段"下拉列表中选择"班级"，在"汇总方式"下拉列表中选择"平均值"项，在"选定汇总项"中选中"语文""数学""政治"和"英语"复选框，单击"确定"按钮。

4．数据的透视分析。

选中"数据源"工作表的"A2:D23"单元格，单击"插入"选项卡，单击"表格"组中的"数据透视表"按钮，选择"数据透视表"项，在"选择放置数据透视表的位置"区域，单击"现有工作表"单选按钮，在"位置"编辑框中输入"Sheet6! $A$1"，单击"确定"按钮；在"右侧"的"选择要添加到报表的字段"中将"班级""日期""姓名""迟到"分别拖曳到"在以下区域间拖动字段"区域的"报表筛选""行标签""列标签""数值"框中，单击"数值"框中的"迟到"下拉按钮，选择"值字段设置"项，在"计算类型"列表框中选择"计数"，单击"确定"按钮。单击"B1"单元格中的下拉按钮，选中"选择多项"复选框，仅选中"高二（三）班"复选框，单击"确定"按钮。

单击"文件"选项卡，单击"保存"项。

第八单元　MS Word&Excel

双击桌面上的 Word 图标，单击"文件"选项卡，选择"打开"项，"查找范围"按指定路径，选择"A8.docx"，单击"打开"按钮。

1．选择性粘贴。

单击快速启动栏上的"启动 Excel 应用程序"，单击"文件"选项卡，选择"打开"项，"查找范围"按指定路径，选择"TF8-1A.xlsx"，单击"打开"按钮。选中"B2：H8"区域，单击鼠标右键，选择"复制"项，切换到"A8.docx"，将光标定于如样章所示位置，单击"开始"选项卡，在"剪切板"组中，单击"粘贴"下方的下拉按钮，选择"选择性粘贴"，在"形式"列表框中选择"Microsoft Excel 工作表对象"，单击"确定"按钮。

2．文本与表格间的相互转换。

选中"恒大中学各地招生站及联系方式"下的若干行文字，单击"插入"选项卡，在"表格"组中，单击"表格"按钮，选择"文本转换成表格"，在"固定列宽"旁的编辑框中输入"4 厘米"，其余保持默认，单击"确定"按钮。选中整张表格，单击"表格工具"下的"设计"选项卡，在"表格样式"组中，单击"表格样式"右侧的下拉按钮，选择"内置"区域下的"中等深浅底纹 1-强调文字颜色 4"。依旧选中整张表格，单击"开始"选项卡，在"段落"组中选择"居中"。

3．录制新宏。

切换到 Excel，单击"文件"选项卡，选择"新建"下的"空白工作簿"；单击"文件"选项卡中的"保存"项，根据试题描述选择到指定文件夹，选择"保存类型"下拉框中的"Excel 启用宏的工作簿（*.xlsm）"，在"文件名"编辑框中输入"A8-A"，单击"保存"按钮。在"开发工具"选项卡上，单击"代码"组中的"宏安全性"按钮，在"信任中心"窗口下左侧栏中选择"宏设置"项，在右侧区域中选中"启用所有宏"单选按钮和"信任对 VBA 工程对象模型的访问"复选框，单击"确定"按钮。在"开发工具"选项卡上，单击"代码"组中的"录制宏"按钮，在"宏名"编辑框中输入"A8A"，选择"保存在"列表框中的"当前工作簿"项，单击"快捷键"下的编辑框中键入"Shift+F"快捷键，单击"确定"按钮，在任一单元格内输入"=5+7*20"，单击回车键，在"开发工具"选项卡上，单击"代码"组中的"停止录制"按钮，单击"文件"选项卡，单击"保存"项。

4．邮件合并。

切换到 Word，单击"文件"选项卡，选择"打开"项，"查找范围"按指定路径，选择"TF8-1B.docx"，单击"打开"按钮。单击"文件"选项卡，选择"另存为"项，在"文件名"编辑框中输入"A8-B.docx"，单击"保存"按钮。在"邮件"选项卡上，单击"开始邮件合并"组中的"开始邮件合并"下拉按钮，选择"邮件合并分步向导"项，在右侧区域选择"信函"单选按钮，单击"下一步：正在启动文档"→"下一步：选取收件人"→"浏览"项，根据试题描述选择文件"TF8-1C.xlsx"，单击"打开"按钮，依次单击"确定"按钮，单击"下一步：撰写信函"项。将光标定位在"邮编："后面，单击"其他项目"项，选择"域"列表框中的"邮编"项，单击"插入"按钮，单击"关闭"按钮。依照此操作，参照样章，将其余域插入至对应位置。单击"下一步：预览信函"项，单击"下一步：完成合并"项，单击"编辑单个信函"项，单击"全部"单选按钮，单击"确定"按钮，单击"文件"选项卡，选择"保存"项，在"文件名"编辑框中输入"A8-C"，选择"保存类型"为"Word 文档（*.docx）"，单击"保存"按钮。

全真模拟试题二精解

第一单元　操作系统

1. 在桌面上，鼠标右键单击开始菜单，选中"打开 Windows 资源管理器"项。

2. 在桌面上，单击"开始"菜单→"计算机"项；在"计算机"窗口中，双击"本地磁盘(C:)"项；在"本地磁盘(C:)"右边窗口中的空白处，单击鼠标右键选中"新建"→"文件夹"项，输入"4000001"，回车。

3. 在桌面上，单击"开始"菜单→"计算机"项；在"计算机"窗口中，双击"本地磁盘(C:)"项；3)，在"本地磁盘(C:)"窗口中，双击"DATA1"项；按住"CtrL"键，选中"TF1-12.docx、TF3-13.docx、TF4-14.docx、TF5-15.docx、TF6-6.xlsx、TF7-18.xlsx、TF8-4.docx"项，使用快捷键"Ctrl+C"；单击地址栏上的"本地磁盘(C:)"项，双击右边窗口的"4000001"项；在右边空白处，单击鼠标右键选择"粘贴"项。选中"TF1-12"，单击鼠标右键选中"重命名"项，输入"A1"，回车；选中"TF3-13"，单击鼠标右键选中"重命名"项，输入"A2"，回车；选中"TF4-14"，单击鼠标右键选中"重命名"项，输入"A3"，回车；选中"TF5-15"，单击鼠标右键选中"重命名"项，输入"A5"，回车；选中"TF6-6"，单击鼠标右键选中"重命名"项，输入"A6"，回车；选中"TF7-18"，单击鼠标右键选中"重命名"项，输入"A7"，回车；选中"TF8-4"，单击鼠标右键选中"重命名"项，输入"A8"，回车。

4. 通过"开始"菜单，打开控制面板；单击"字体"项，右键单击"微软雅黑"，在弹出的菜单中选择"隐藏"项。

5. 右键单击桌面，选择"个性化"项，在打开的窗口中，单击"桌面背景"项，单击"建筑"中的第 4 张图片，单击"保存修改"按钮。

第二单元　文字录入

1. 单击任务栏"Word"图标打开 Word，单击"保存"按钮，"保存位置"按指定路径，在"文件名"编辑框中输入"A2"，在"保存类型"下拉列表中选择"Word 文档"，单击"保存"按钮。

2．按【样文 2-2A】所示录入文字、字母、标点符号。将光标定位在文档第 1 段开头处，单击"插入"选项卡，在"符号"组中单击"符号"下拉按钮，选择"其他符号"项，选择"符号"选项卡，选择"字体"下拉框中的"（普通文本）"，选择"子集"下拉框中的"几何图形符"，在"字符代码"编辑框中键入"25BC"，单击"插入"按钮，将光标定位在文档第 1 段末尾处，单击"插入"选项卡，在"符号"组中单击"符号"下拉按钮选择"其他符号"项，选择"符号"选项卡，选择"字体"下拉框中的"（普通文本）"，选择"子集"下拉框中的"几何图形符"，在"字符代码"编辑框中键入"25B2"，单击"插入"按钮，单击"关闭"按钮。

3．单击"文件"选项卡，单击"打开"项，"查找范围"按指定路径，选择"TF2-2.docx"，单击"打开"按钮。选中全文，单击鼠标右键，选择"复制"项，切换到"A2.docx"，将光标定位在录入文字后，单击回车键，单击鼠标右键，选择"粘贴"项。选中录入文字，单击鼠标右键，选择"剪切"项，在复制的第 1 段文字后面按回车键，光标定位到第 2 段空白处，单击鼠标右键，选择"粘贴"项。

4．将光标定位在文档开始处，单击"开始"选项卡，在"编辑"组中，单击"编辑"按钮，单击"替换"按钮，在"查找内容"编辑框中输入"网购"，在"替换为"编辑框中输入"网上购物"，单击"全部替换"按钮，单击"确定"按钮，单击"关闭"按钮。

单击"文件"选项卡，单击"保存"项。

第三单元　文档的格式

单击"文件"选项卡，单击"打开"项，"查找范围"按指定路径，选择"A3.docx"，单击"打开"按钮。

一、如【样文 3-2A】所示设置【文本 3-2A】

1．设置字体格式。

（1）选中【文本 3-2A】下的第 1 行文字"歌曲《北京精神》"，单击"开始"选项卡，在"字体"组中单击"字体"下拉框，选择"华文中宋"，在"字号"下拉列表中选择"小初"，单击"文本效果"按钮，选择"渐变填充—紫色，强调文字颜色 4，映像"。

（2）选中副标题"（作词：云剑作曲：鹏来演唱：韩琳）"，单击"开始"选项卡，在"字体"组中单击"字体"下拉框，选择"隶书"，在"字号"下拉列表中选择"四号"，单击"文本效果"按钮，选择"发光"中的"红色，8pt 发光，强调文字颜色 2"。

（3）选中正文歌词部分"北京精神……永远记心中"，单击"开始"选项卡，在"字体"组中单击"字体"下拉框，选择"楷体"，在"字号"下拉列表中选择"四号"，单击"加粗"按钮。

（4）选中文档最后一段"《北京精神》这首歌……精神底韵。"文字，单击"开始"选项卡，在"字体"组中单击"字体"下拉框，选择"微软雅黑"，在"字号"下拉框中选择"小四"，选中"《北京精神》"4 个字，单击鼠标右键，在弹出菜单中选择"字体"项，在"所有文字"区域中的"着重号"下拉框中选择"•"，单击"确定"按钮。

2．设置段落格式。

（1）选中标题文字"歌曲《北京精神》"，单击"开始"选项卡，在"段落"组中，单击"居中"按钮，选中副标题文字"（作词：云剑作曲：鹏来演唱：韩琳）"，单击"开始"选项卡，在"段落"组中，单击"文本右对齐"按钮。

（2）选中正文歌词部分"北京精神……永远记心中"，单击"开始"选项卡，单击"段落"对话框启动器，选择"缩进和间距"选项卡，在"缩进"区域的"左侧"编辑框中输入"10字符"，在"缩进"区域的"右侧"编辑框中输入"10字符"，在"常规"区域的"对齐方式"下拉列表中选择"分散对齐"项，在"间距"区域"行距"下拉列表中选择"1.5倍行距"，单击"确定"按钮。

（3）选中文档最后一段"《北京精神》这首歌……精神底韵。"文字，单击"开始"选项卡，单击"段落"对话框启动器，选择"缩进和间距"选项卡，在"缩进"区域的"特殊格式"下拉列表中选择"首行缩进"，在"磅值"编辑框中输入"2字符"，在"间距"区域的"段前"编辑框中输入"1行"，在"行距"下拉框中选择"单倍行距"，单击"确定"按钮。

二、如【样文 3-2B】所示设置【文本 3-2B】

1. 选中【文本 3-2B】下面的 3 段文字，单击"审阅"选项卡，单击"校对"组中的"拼写和语法"按钮，参照样章在"建议"框中选择相应的项，单击"更改"按钮（如无需修改，则单击"忽略一次"按钮），修改完成后，单击"关闭"按钮。

2. 选中【文本 3-2B】下面的 3 段文字，单击"开始"选项卡，在"段落"组中，单击"项目符号"旁的下拉按钮，参照样章在"项目符号库"区域选择相应的项目符号。

三、如【样文 3-2C】所示设置【文本 3-2C】

选中【文本 3-2C】下的两行文本，单击"开始"选项卡，在"字体"组中，单击"拼音指南"按钮，在"偏移量"编辑框中输入"2"，在"对齐方式"下拉列表中选择"1-2-1"，在"字号"下拉列表中选择"16"，单击"确定"按钮。

单击"文件"选项卡，单击"保存"项。

第四单元　文档表格

单击"文件"选项卡，单击"打开"项，"查找范围"按指定路径，选择"A4.docx"，单击"打开"按钮。

1．创建表格并自动套用格式。

将光标定位在文档开始处，单击"插入"选项卡，在"表格"组中，单击"表格"按钮，选择"插入表格"项，在"表格"尺寸区域的"列数"编辑框中输入"6"，在"行数"编辑框中输入"4"，单击"确定"按钮。单击"表格工具"下的"设计"选项卡，在"表格样式"组中，单击"表格样式"右侧的"其他"按钮，选择"浅色网格-强调文字颜色5"。

2．表格的基本操作。

选中"金额"列，单击"表格工具"下的"布局"选项卡，在"行和列"区域单击"在右侧插入"按钮，在该列的第 1 个单元格中输入"备注"，其他单元格中均输入"已结算"，选中整个表格，单击鼠标右键，在弹出的菜单中选择"自动调整"下的"根据窗口调整表格"项，单击鼠标右键，在弹出的菜单中选择"表格属性"项，选择"行"选项卡，选中"指定高度"复选框，编辑框中输入"1 厘米"，在"行高值是"下拉列表中选择"固定值"项，单击"确定"按钮。选中"12 月 22 日"单元格和其下方的单元格，单击鼠标右键选择"合并单元格"项，选中"差旅费"单元格和其下方的单元格，单击鼠标右键选择"合并单元格"项。

3．表格的格式设置。

（1）选中表格第 1 行，单击鼠标右键选择"边框和底纹"项，在"底纹"选项卡的"填充"下拉列表中选择"主题颜色"区域的"茶色，背景 2，深色 25%"项，在"应用于"下拉列表中选择"单元格"项，单击"确定"按钮。单击"表格工具"下的"布局"选项卡，在"对齐方式"区域单击"水平居中"按钮。

（2）选中表格其余各行，选择工具栏上"开始"选项卡，"字体"下拉列表中选择"方正姚体"项，"字号"下拉列表中选择"四号"项，单击"表格工具"下的"布局"选项卡，在"对齐方式"区域单击"中部右对齐"按钮。

（3）选中整个表格，单击鼠标右键选择"边框和底纹"项，选择"边框"选项卡，在"设置"区域选择"自定义"项，在"样式"列表框中，选择"单实线"（第 1 个），在"颜色"下拉列表中选择"标准色"区域中的"深蓝"，在"宽度"下拉列表中选择"1.5 磅"，在"预览"区域，分别单击两次"上边框""下边框""左边框""右边框"按钮，在"样式"列表框中，选择"点划线"（第 5 个），在"宽度"下拉列表中选择"1 磅"，在"预览"区域，单击两次"内部横线"按钮，单击两次"内部竖线"，在"应用于"下拉框中选择"表格"，单击"确定"按钮。

单击"文件"选项卡，单击"保存"项。

第五单元　文档板式

单击"文件"选项卡，单击"打开"项，"查找范围"按指定路径，选择"A5.docx"，单击"打开"按钮。

1．页面设置。

（1）单击"页面布局"选项卡，单击"页面设置"对话框启动器，选择"纸张"选项卡，在"纸张大小"区域下拉列表中选择"Letter (8 ½ x 11 in)"；选择"页边距"选项卡，在"页边距"区域的"上""下"编辑框中均输入"2.5 厘米"，在"左""右"编辑框中均输入"3.5 厘米"，在"预览"区域的"应用于"下拉列表中选择"整篇文档"，单击"确定"按钮。

（2）单击"插入"选项卡，在"页眉和页脚"组中，单击"页眉"下拉按钮，选择"编辑页眉"项，输入文字"湖泊之最"，选择"开始"选项卡，单击"段落"区域中的"居中"按钮，单击"页眉和页脚工具"下的"设计"选项卡下的"关闭"组中的"关闭页眉和页脚"按钮；单击"插入"选项卡，在"页眉和页脚"组中，单击"页码"下拉按钮，选择"页面底端"中的"普通数字 1"项，然后按键盘上的"←"键，将光标定位到"1"的左边，输入

"第"字，单击鼠标将光标定位到"1"的右边，输入"页"字，选择"开始"选项卡，单击"段落"区域中的"居中"按钮，单击"页眉和页脚工具"下的"设计"选项卡下的"关闭"组中的"关闭页眉和页脚"按钮。

2．艺术字设置。

选中标题文字"大熊湖简介"，单击"插入"选项卡，在"文本"组中单击"艺术字"按钮，选择"填充—红色，强调文字颜色 2，暖色粗糙棱台"，选中该艺术字，单击"开始"选项卡，在"字体"组中的"字体"下拉列表中选择"黑体"，在"字号"编辑框中输入"48"，单击回车键，单击"绘图工具"选项卡下的"格式"选项卡，在"排列"组中单击"自动换行"按钮，选择"嵌入型"，单击"开始"选项卡，在"字体"区域中，单击"文本效果"，在弹出的菜单中选择"发光"中的"红色，8pt 发光，强调文字颜色 2"项。

3．文档的版面格式设置。

（1）选中正文第 4 段至结尾，单击"页面布局"选项卡，在"页面设置"组中，单击"分栏"下拉按钮，选择"更多分栏"项，在"预设"中选择"三栏"项，选中"分隔线"复选框，选中"栏宽相等"复选框，单击"确定"按钮。

（2）选中正文第 1 段，单击"开始"选项卡，在"段落"组中，单击"下框线"旁边的下拉按钮，选择"边框和底纹"项，选择"边框"选项卡，在"设置"区域选择"方框"，在"样式"列表框中选择"单实线"，在"颜色"下拉列表中选择"标准色"区域中的"深红"，在"宽度"下拉列表中选择"1.5 磅"，在"应用于"下拉列表中选择"段落"项；选择"底纹"选项卡，在"填充"区域的下拉框中选择"其他颜色"，选择"自定义"选项卡，在"红色"编辑框中输入"100"，在"绿色"编辑框中输入"255"，在"蓝色"编辑框中输入"255"，单击"确定"按钮，在"应用于"下拉列表中选择"段落"项，单击"确定"按钮。

4．文档的插入设置。

（1）将光标定位在文档任意处，单击"插入"选项卡，在"插图"组中，单击"图片"按钮，在"查找范围"下拉框中选择指定路径下的"PIC5-2.jpg"，单击"插入"按钮；选中该图片，单击"图片工具"选项卡下的"格式"选项卡，单击"大小"对话框启动器，选择"大小"选项卡，在"缩放"区域保持对"锁定纵横比"复选框的选中，在"缩放"区域的"高度"编辑框中输入"55%"；选择"文字环绕"选项卡，选中"环绕方式"区域的"四周型"，单击"确定"按钮；依然选中该图片，单击"图片工具"选项卡下的"格式"选项卡，在"图片样式"组中，单击"图片样式"右侧的"其他"按钮，选择"棱台矩形"，参照样章适当调整图片位置。

（2）选中第 6 段中的文字"钻石"，单击"引用"选项卡，在"脚注"组中单击"插入尾注"按钮，在尾注区域输入文字"钻石：是指经过琢磨的金刚石，金刚石是一种天然矿物，是钻石的原石。"

单击"文件"选项卡，单击"保存"项。

第六单元　电子表格

单击"文件"选项卡,选择"打开"项,"查找范围"按指定路径,选择"A6.xlsx",单击"打开"按钮。

一、如【样文6—2A】所示设置工作表及表格

1．工作表的基本操作。

（1）选择 Sheet1 工作表,选中 A1:E9 单元格区域,按"Ctrl+C"组合键复制,选中 Sheet2 工作表的 A1 单元格,按"Ctrl+V"组合键粘贴;选中 Sheet2 工作表标签,单击鼠标右键选择"重命名",输入文字"收支统计表",单击回车键,选中"收支统计表"工作表标签,单击鼠标右键选择"工作表标签颜色",选中"标准色"区域的"绿色"。

（2）选中第 5 行,单击鼠标右键选择"插入"项,参照样章,在该行输入内容。选中第 9 行,单击鼠标右键选择"删除"项。选中第 1 行,单击鼠标右键选择"行高"项,打开"行高"对话框,在"行高"文本框中输入"30",单击"确定"按钮。

2．单元格格式的设置:

（1）选择"收支统计表"工作表,选中 A1:E1 单元格区域,单击"开始"选项卡,单击"对齐方式"组中的"合并后居中"按钮,在"字体"组中分别选择"字体"下拉列表中的"华文行楷"和"字号"下拉列表中的"22",单击"字体颜色"右侧的下拉按钮,选择"标准色"区域中的"浅绿",单击"填充颜色"右侧的下拉按钮,选择"标准色"区域中的"深蓝"。

（2）选中 A2:E2 单元格区域,单击"开始"选项卡,在"字体"组中分别选择"字体"下拉列表中的"华文楷体""字号"下拉列表中的"14",单击"加粗"按钮。

（3）选中单元格区域 A2:A9,选中"开始"选项卡,单击"填充颜色"右侧的下拉按钮,选择"标准色"区域中的"橙色"。选中单元格区域 A2:E9,单击鼠标右键选择"设置单元格格式",选择"对齐"选项卡,在"文本对齐方式"区域中,"水平对齐"下拉列表中选择"居中"项,"垂直对齐"下拉列表中选择"居中"项。

（4）选中单元格区域 A2:E9,单击鼠标右键选择"设置单元格格式",选择"边框"选项卡,在"样式"列表框中选择第 2 列第 4 个线型,在"颜色"下拉框中选择"标准色"下的"紫色",单击"外边框"按钮,在"样式"列表框中选择第 1 列第 6 个线型,在"颜色"下拉框中选择"标准色"下的"蓝色",单击"内部"按钮,单击"确定"按钮。

3．表格的插入设置。

（1）选中 D7 单元格,单击鼠标右键选择"插入批注",输入"本月出差"。

（2）单击 B12 单元格,单击"插入"选项卡,在"符号"组中单击"公式"按钮,参照样章,完成公式的录入。选中该公式,在"绘图工具"下的"格式"选项卡中的"形状样式"区域的列表框中选择"细微效果—红色,强调颜色2"（第 4 行第 3 列）,参照样章适当调整公式的大小和位置。

二、如【样文6—2B】所示建立图表

选中 A2:A9 和 E2:E9 单元格区域,单击"插入"选项卡,在"图表"组中单击"其他图

表”，选择“圆环图”下的“分离型圆环图”，选中原图表标题文字，在“图表标题”框中输入文字“第三季度个人收支统计”，选中该图标，单击“图表工具”选项卡下的“设计”选项卡，在“位置”组中单击“移动图表”按钮，在“对象位于”下拉列表中选择“Sheet3”，单击“确定”按钮。（取消对图表的选中状态。）

三、工作表的打印设置

选中“收支统计表”工作表中的第 6 行，单击“页面布局”选项卡，在“页面设置”组中，单击“分隔符”按钮，选择“插入分页符”项，单击“打印标题”按钮，在“打印标题”区域的“顶端标题行”编辑框中输入“$1: $1”，在“打印区域”编辑框中输入“$A$1:$E$18”，单击“确定”按钮。（适当调整各列列宽，使其完整显示。）

单击“文件”选项卡，单击“保存”项。

第七单元　电子表格

单击“文件”选项卡，单击“打开”项，“查找范围”按指定路径，选择“A7.xlsx”，单击“打开”按钮。

1.数据的查找与替换。

选择“Sheet1”工作表，单击 A1 单元格，选择“开始”选项卡，在“编辑”组中单击“查找和选择”按钮，选择“替换”；在“查找内容”和“替换为”编辑框中分别键入“100”和“150”，单击“全部替换”按钮，单击“确定”按钮；单击“关闭”按钮。

2.公式、函数的应用。

在“G3”单元格中输入公式“=SUM(D3:F3)”，利用填充柄向下拖曳公式到 G14 单元格。

3.基本数据分析。

（1）选择“Sheet2”工作表，选中“A2:F14”单元格，单击“数据”选项卡，在“排序和筛选”组中，单击“排序”按钮，在“主要关键字”下拉列表中选择“基本工资”，在“排序依据”下拉列表中选择“数值”，在“次序”下拉列表中选择“降序”，单击“添加条件”按钮，在“次要关键字”下拉列表中选择“津贴”，在“排序依据”下拉列表中选择“数值”，在“次序”下拉列表中选择“降序”，单击“确定”按钮。选中“D3:F14”单元格区域，选中“开始”选项卡，在“样式”组中，单击“条件格式”按钮，选择“图标集”，在“标记”区域选择“三色旗”。

（2）选择“Sheet3”工作表，选中“A2:F15”单元格，单击“数据”选项卡，在“排序和筛选”组中，单击“筛选”按钮，单击“部门”的下拉按钮，选中“工程部”复选框，取消选中“后勤部”复选框，取消选中“设计部”复选框，单击“确定”按钮。单击“基本工资”的下拉按钮，选择“数字筛选”→“大于”项，在“大于”旁的编辑框中输入“1700”，单击“确定”按钮。

（3）选择“Sheet4”工作表，将光标定位在“A20”单元格，单击“数据”选项卡，在“数据工具”组中，单击“合并计算”按钮，在“函数”下拉列表中选择“求和”项，在“引用位置"编辑框中输入"$A$3:$E$7",单击"添加"按钮,在"引用位置"编辑框中输入"$A$11:$E$16",单击"添加"按钮,选中"标签位置"区域的"最左列"复选框,单击"确定"按钮。

（4）选择"Sheet5"工作表,选中"B2"单元格,单击"数据"选项卡,在"排序和筛选"组中单击"升序"按钮。单击"分级显示"组中的"分类汇总"按钮,在"分类字段"下拉列表中选择"部门",在"汇总方式"下拉列表中选择"平均值"项,在"选定汇总项"中选中"基本工资""实发工资"复选框,单击"确定"按钮,单击左侧的"2"按钮。

4. 数据的透视分析。

选中"数据源"工作表的"A2:D22"单元格,单击"插入"选项卡,单击"表格"组中的"数据透视表"按钮,选择"数据透视表"项,在"选择放置数据透视表的位置"区域,单击"现有工作表"单选按钮,在"位置"编辑框中输入"Sheet6!$A$1",单击"确定"按钮,在"右侧"的"选择要添加到报表的字段"中,将"项目工程"拖曳到"在以下区域间拖动字段"区域的"报表筛选"框中,将"原料"拖曳到"在以下区域间拖动字段"区域的"行标签"框中,将"日期"拖曳到"在以下区域间拖动字段"区域的"列标签"框中,将"金额"拖曳到"在以下区域间拖动字段"区域的"数值"框中,单击"数值"框中的"金额"下拉按钮,选择"值字段设置"项,在"计算类型"列表框中选择"求和",单击"确定"按钮。

单击"文件"选项卡,单击"保存"项。

第八单元　MS Word&Excel

双击桌面上的 Word 图标,单击"文件"选项卡,选择"打开"项,"查找范围"按指定路径,选择"A8.docx",单击"打开"按钮。

1. 选择性粘贴。

单击快速启动栏上的"启动 Excel 应用程序",单击"文件"选项卡,选择"打开"项,"查找范围"按指定路径,选择"TF8-2A.xlsx",单击"打开"按钮。选中"A1：F6"区域,单击鼠标右键,选择"复制"项,切换到"A8.docx",将光标定于如样章所示位置,单击"开始"选项卡,在"剪贴板"组中,单击"粘贴"下方的下拉按钮,选择"选择性粘贴",在"形式"列表框中选择"Microsoft Excel 工作表对象",单击"确定"按钮。

2. 文本与表格间的相互转换。

选中"北极星手机公司员工一览表"下的整个表格,单击"表格工具"下"布局"选项卡,在"数据"组中,单击"转换为文本"按钮,选中"制表符"单选按钮,单击"确定"按钮。

3. 录制新宏。

单击"文件"选项卡,双击"新建"下的"空白文档";单击"文件"选项卡中的"保存"项,根据试题描述选择到指定文件夹,选择"保存类型"下拉列表中的"启用宏的 Word 文档（*.docm）",在"文件名"编辑框中输入"A8-A",单击"保存"按钮。选择"开发工具"选项卡,单击"代码"组中的"宏安全性"按钮,在"信任中心"窗口下左侧栏中选择"宏设置"项，在右侧区域中选中"启用所有宏"单选按钮和"信任对 VBA 工程对象模型的访问"复选框，单击"确定"按钮。在"开发工具"选项卡上，单击"代码"组中的"录制宏"按钮，在"宏名"编辑框中输入"A8A"，"将宏保存在"下拉列表中选择"A8-A.docm（文档）"项，单击"键盘"按钮，在"请按新快捷键"中键入"Ctrl+Shift+F"组合键，在"将更改保存在"下拉列表中选择"A8-A.docm"，单击"指定"按钮，单击"关闭"按钮。选择"页面布局"选项卡，在"页面设置"组中单击"分隔符"下拉框，选择"分页符"项，选择"开发工具"选项卡，单击"代码"组中的"停止录制"按钮，单击"文件"选项卡，单击"保存"项。

4．邮件合并。

单击"文件"选项卡，选择"打开"项，"查找范围"按指定路径，选择"TF8-2B.docx"，单击"打开"按钮。单击"文件"选项卡，选择"另存为"项，在"文件名"编辑框中输入"A8-B.docx"，单击"保存"按钮。在"邮件"选项卡上，单击"开始邮件合并"组中的"开始邮件合并"下拉按钮，选择"邮件合并分步向导"项，在右侧区域选择"信函"单选按钮，单击"下一步：正在启动文档"→"下一步：选取收件人"项，单击"浏览"按钮，根据试题描述选择到文件"TF8-2C.xlsx"，单击"打开"按钮，依次单击"确定"按钮，单击"下一步：撰写信函"项。将光标定位在表格中"考生编号"下面的空单元格内，单击"其他项目"项，选择"域"列表框中的"考生编号"项，单击"插入"按钮，单击"关闭"按钮。依照此操作，参照样章，将其余域插入至对应位置。单击"下一步：预览信函"→"下一步：完成合并"→"编辑单个信函"项，单击"全部"单选按钮，单击"确定"按钮。单击"文件"选项卡，选择"保存"项，在"文件名"编辑框中输入"A8-C"，选择"保存类型"为"Word 文档 (*.docx)"，单击"保存"按钮。

全真模拟试题三精解

第一单元　操作系统

1. 在桌面上，鼠标右击"开始"菜单，选中"打开 Windows 资源管理器"项。

2. 在桌面上，单击"开始"菜单→"计算机"项；在"计算机"窗口中，双击"本地磁盘(C:)"项；在"本地磁盘(C:)"右边窗口中的空白处，单击鼠标右键选中"新建"→"文件夹"项，输入"4000001"，回车。

3. 在桌面上，单击"开始"菜单→"计算机"项；在"计算机"窗口中，双击"本地磁盘(C:)"项；在"本地磁盘(C:)"窗口中，双击"DATA1"项；按住"Ctrl"键，选中"TF1-12.docx、TF3-13.docx、TF4-14.docx、TF5-15.docx、TF6-6.xlsx、TF7-18.xlsx、TF8-4.docx"项，使用"Ctrl+C"组合键复制；单击地址栏上的"本地磁盘(C:)"项，双击右边窗口的"4000001"项；在右边空白处，单击鼠标右键选择"粘贴"项；选中"TF1-12"，单击鼠标右键选中"重命名"项，输入"A1"，回车；选中"TF3-13"，单击鼠标右键选中"重命名"项，输入"A2"，回车；选中"TF4-14"，单击鼠标右键选中"重命名"项，输入"A3"，回车；选中"TF5-15"，单击鼠标右键选中"重命名"项，输入"A5"，回车；选中"TF6-6"，单击鼠标右键选中"重命名"项，输入"A6"，回车；选中"TF7-18"，单击鼠标右键选中"重命名"项，输入"A7"，回车；选中"TF8-4"，单击鼠标右键选中"重命名"项，输入"A8"，回车。

4. 在已打开的"控制面板"窗口中，单击"日期和时间"项；在"日期和时间"属性页中，单击"更改日期和时间"按钮；在"日期"中选择"1"，设置"时间"为"10 点 50 分 30 秒"依次单击"确定"按钮。

5. 单击任务栏按钮，打开资源管理器；选择左边树形控件中的"桌面"项，右键单击右边的"便笺"，在弹出的菜单中选择"删除"项，单击"是"按钮。

第二单元　文字录入

1. 启动 Word，单击"保存"按钮，"保存位置"按指定路径，在"文件名"编辑框中输入"A2"，在"保存类型"下拉列表中选择"Word 文档（*.docx）"，单击"保存"按钮。

2. 如【样文 2-1A】所示录入文字、字母、标点符号。将光标定位在文档第 1 段开头处，单击"插入"选项卡，在"符号"组中单击"符号"下拉按钮选择"其他符号"项，选择"符号"选项卡，选择"字体"下拉列表中的"Wingdings"，在"字符代码"编辑框中键入"79"，单击"插入"按钮，单击"关闭"按钮；将光标定位在第 1 段末尾处，用相同方法插入符号。

3. 单击"文件"选项卡，单击"打开"项，"查找范围"按指定路径，选择"TF2-3.docx"，单击"打开"按钮；选中全文，单击鼠标右键，选择"复制"项，切换到"A2.docx"，将光标定位在录入文字后，单击回车键，单击鼠标右键，选择"粘贴"项。

4. 将光标定位在文档开始处，单击"开始"选项卡，在"编辑"组中单击"编辑"按钮，单击"替换"按钮，在"查找内容"编辑框中输入"极速运动"，在"替换为"编辑框中输入"极限运动"，单击"全部替换"按钮，单击"确定"按钮，单击"关闭"按钮。

单击"文件"选项卡，单击"保存"项。

第三单元　文档的格式

单击"文件"选项卡，单击"打开"项，"查找范围"按指定路径，选择"A3.docx"，单击"打开"按钮。

一、如【样文 3-3A】所示设置【文本 3-3A】

1．设置字体格式。

（1）选中【文本 3-3A】下的第 1 行文字"科普读物"，单击"开始"选项卡，在"字体"组中单击"字体"下拉框，选择"华文行楷"，在"字号"下拉列表中选择"三号"，单击"字体颜色"右侧的下拉按钮，在"标准色"区域选择"深蓝"色。

（2）选中标题"电子商务"，单击"开始"选项卡，在"字体"组中单击"字体"下拉框，选择"华文彩云"，在"字号"下拉列表中选择"小初"，单击"文本效果"按钮，选择"填充—橙色，强调文字颜色 6，渐变轮廓—强调文字颜色 6"。

（3）选中正文第 1 段"电子商务……基本特征："，单击"开始"选项卡，在"字体"组中单击"字体"下拉框，选择"仿宋"，在"字号"下拉列表中选择"四号"，单击"倾斜"按钮。

（4）选中正文第 2～6 段"普遍性……一气呵成的"，单击"开始"选项卡，在"字体"组中单击"字体"下拉框，选择"华文细黑"，在"字号"下拉列表中选择"小四"，选中"普遍性"3 个字，单击"下画线"右侧的下拉按钮，选择"下画线线型"下拉框中的双下画线，按照上述方法，依次设置"方便性""整体性""安全性""协调性"。

2．设置段落格式。

（1）选中【文本 3-3A】下的第 1 行文字"科普读物"，单击"开始"选项卡，在"段落"组中，单击"文本右对齐"按钮，选中标题"电子商务"，单击"开始"选项卡，在"段落"组中，单击"居中"按钮。

（2）选中正文第 1 段"电子商务……基本特征："，单击"开始"选项卡，单击"段落"对话框启动器，选择"缩进和间距"选项卡，在"缩进"区域的"特殊格式"下拉列表中选择"首行缩进"，在"磅值"编辑框中输入"2 字符"，在"间距"区域的"段前""段后"编辑框中均输入"0.5 行"，在"行距"下拉列表中选择"固定值"，在"设置值"编辑框中输入"20 磅"，单击"确定"按钮。

（3）选中正文第 2～6 段"普遍性……一气呵成的"，单击"开始"选项卡，单击"段落"对话框启动器，选择"缩进和间距"选项卡，在"缩进"区域的"特殊格式"下拉列表中选择"悬挂缩进"，在"磅值"编辑框中输入"4 字符"，在"行距"下拉列表中选择"固定值"，在"设置值"编辑框中输入"20 磅"，单击"确定"按钮。

二、如【样文 3-3B】所示设置【文本 3-3B】

（1）选中【样文 3-3B】下面的 3 段文字，单击"审阅"选项卡，单击"校对"组中的"拼写和语法"按钮，参照样章在"建议"框中选择相应的项，单击"更改"按钮（如无需修改，则单击"忽略一次"按钮），修改完成后，单击"关闭"按钮。

（2）选中【样文 3-3B】下面的 3 段文字，单击"开始"选项卡，在"段落"组中，单击"项目符号"旁的下拉按钮，选择"定义新项目符号"项，单击"符号"按钮，选择"字体"下拉列表中的"Wingdings"，在"字符代码"编辑框中键入"122"，依次单击"确定"按钮，参照样章在"项目符号库"区域选择相应的项目符号。

三、如【样文 3-3C】所示设置【文本 3-3C】

选中【文本 3-3C】下的两行文本，单击"开始"选项卡，在"字体"组中，单击"拼音指南"按钮，在"偏移量"编辑框中输入"3"，在"对齐方式"下拉列表中选择"左对齐"，在"字体"下拉列表中选择"华文隶书"，单击"确定"按钮。

单击"文件"选项卡，单击"保存"项。

第四单元　文档表格

单击"文件"选项卡，单击"打开"项，"查找范围"按指定路径，选择"A4.docx"，单击"打开"按钮。

1．创建表格并自动套用格式。

将光标定位在文档开始处，单击"插入"选项卡，在"表格"组中，单击"表格"按钮，选择"插入表格"项，在"表格"尺寸区域的"列数"编辑框中输入"5"，在"行数"编辑框中输入"5"，单击"确定"按钮。单击"表格工具"下的"设计"选项卡，在"表格样式"组中，单击"表格样式"右侧的"其他"按钮，选择"中等深浅网格 3—强调文字颜色 3"，再次单击"表格样式"右侧的"其他"按钮，单击"修改表格样式"，选择"样式基准"右侧下拉框的"流行型"，单击"确定"按钮。

2．表格的基本操作。

（1）选中"第一学期成绩表"下面的空列，单击鼠标右键，选择"拆分单元格"项，在列数中输入"7"，单击"确定"按钮，参照样章，输入相应的内容。

（2）参照样章，选中"第一学期成绩表"下的整个表格，单击鼠标右键在弹出的菜单中选择"平均分布各列"，再次选中"第一学期成绩表"下的整个表格，单击鼠标右键在弹出的菜单中选择"自动调整"，选择"根据窗口调整表格"项。选中第1行，单击鼠标右键，在弹出的菜单中选择"表格属性"项，选择"行"选项卡，选中"指定高度"复选框，编辑框中输入"1.5厘米"，单击"确定"按钮。

（3）选中学号"7"所在行，单击鼠标右键在弹出的菜单中选择"剪切"，选中学号"8"所在行，单击右键选择"粘贴选项"下的"合并表格"项。

3．表格的格式设置。

（1）选中表格第1行的所有数值，单击"开始"选项卡，在"字体"组中单击"字体"下拉框，选择"华文新魏"，在"字号"下拉列表中选择"三号"，选中表格第1行，单击鼠标右键在弹出的菜单中选择"边框和底纹"项，在"底纹"选项卡的"填充"下拉列表中选择"其他颜色"，选择"自定义"选项卡，在"红色""绿色""蓝色"编辑框中分别输入"102""255""255"，单击"确定"按钮，在"应用于"下拉列表中选择"单元格"项，单击"确定"按钮，单击"表格工具"下的"布局"选项卡，在"对齐方式"区域单击"水平居中、垂直居中"按钮。

（2）选中其他行，单击"开始"选项卡，在"字体"组中单击"字体"下拉框，选择"华文细黑"，单击"字体颜色"右侧的下拉按钮，在"标准色"区域选择"深蓝"色，单击"表格工具"下的"布局"选项卡，在"对齐方式"区域单击"靠下居中对齐"按钮。

（3）选择整个表格，单击鼠标右键选择"边框和底纹"项，选择"边框"选项卡，在"设置"区域选择"自定义"项，在"样式"列表框中，选择"单实线"，在"宽度"下拉列表中选择"1.5磅"，在"预览"区域，分别单击两次"上边框""下边框""左边框""右边框"按钮，单击"确定"按钮。选择第1行，单击鼠标右键选择"边框和底纹"项，选择"边框"选项卡，在"设置"区域选择"自定义"项，在"样式"列表框中，选择"双实线"，在"颜色"下拉列表中选择"橙色"，在"预览"区域，单击两次"下边框"按钮，单击"确定"按钮。

单击"文件"选项卡，单击"保存"项。

第五单元　文档板式

单击"文件"选项卡，单击"打开"项，"查找范围"按指定路径，选择"A5.docx"，单击"打开"按钮。

1．页面设置。

（1）单击"页面布局"选项卡，单击工具栏"纸张方向"，在"纸张方向"选择"横向"，单击工具栏"页边距"，在"页边距"区域选择"窄"。

（2）单击"插入"选项卡，在"页眉和页脚"组中单击"页眉"下拉按钮，选择"空白(三栏)"项，在中间的"键入文字"区域，输入文字"生活小常识"，选中最左边的"键入文字"

区域，单击"Delete"键删除；单击"页眉和页脚工具"下的"设计"选项卡；在"页眉和页脚"组中，单击"页码"按钮选择"设置页码格式"，在"编码格式"下拉列表中选择"－1－"样式，在"起始页码"中输入"－10－"，单击"确定"按钮。在最右侧的"键入文字"区域，单击"页码"按钮选择"当前位置"下的"普通数字"，单击"页眉和页脚工具"下的"设计"选项卡下的"关闭"组中的"关闭页眉和页脚"按钮。

2．艺术字设置。

选中标题文字"味精食用不当易中毒"，单击"插入"选项卡，在"文本"组中单击"艺术字"按钮，选择"填充—蓝色，强调文字颜色1，内部阴影—强调文字颜色1"，选中该艺术字，单击"开始"选项卡，在"字体"组中的"字体"下拉列表中选择"华文琥珀"，在"字号"编辑框中输入"55"，单击回车键，单击"绘图工具"选项卡下的"格式"选项卡，在"排列"组中单击"位置"按钮，选择"顶端居中，四周型文字环绕"，在"艺术字样式"组中单击"文字效果"按钮，单击"三维旋转"选择"平行"下的"离轴2左"。

3．文档的版面格式设置。

（1）选中正文除第1段以外的其余各段，单击"页面布局"选项卡，在"页面设置"组中，单击"分栏"下拉按钮，选择"两栏"项。

（2）选中正文最后两段，单击"开始"选项卡，在"段落"组中，单击"下框线"旁边的下拉按钮，选择"边框和底纹"项，选择"边框"选项卡，在"设置"区域选择"阴影"，在"样式"列表框中选择"双实线"，在"颜色"列表框中选择"浅蓝色"，在"宽度"列表框中选择"1.5磅"，在"应用于"下拉列表中选择"段落"项；选择"底纹"选项卡，在"图案"区域的"样式"下拉列表中选择"10%"，在"应用于"下拉列表中选择"段落"项，单击"确定"按钮。

4．文档的插入设置。

（1）将光标定位在文档任意处，单击"插入"选项卡，在"插图"组中，单击"图片"按钮，在"查找范围"下拉列表中选择指定路径下的"PIC5-3.jpg"，单击"插入"按钮；选中该图片，单击"图片工具"选项卡下的"格式"选项卡，单击"大小"对话框启动器，选择"大小"选项卡，在"缩放"区域保持对"锁定纵横比"复选框的选中，在"缩放"区域的"高度"编辑框中输入"75%"；选择"文字环绕"选项卡，选中"环绕方式"区域的"四周型"，单击"确定"按钮；依然选中该图片，单击"图片工具"选项卡下的"格式"选项卡，在"图片样式"组中，单击"图片样式"右侧的"其他"按钮，选择"柔化边缘椭圆"，参照样章适当调整图片位置。

（2）选中正文第1段的最先出现的"味精"，单击"引用"选项卡，在"脚注"组中单击"插入尾注"按钮，在尾注区域输入文字"味精：调味料的一种，主要成分为谷氨酸钠。"

单击"文件"选项卡，单击"保存"项。

第六单元　电子表格

单击"文件"选项卡，选择"打开"项，"查找范围"按指定路径，选择"A6.xlsx"，单击"打开"按钮。

一、如【样文6-3A】所示设置工作表及表格

1．工作表的基本操作。

（1）选择 Sheet1 工作表，选中 A1:F9 单元格区域，按"Ctrl+C"组合键复制，选中 Sheet2 工作表的 A1 单元格，按"Ctrl+V"组合键粘贴；选中 Sheet2 工作表标签，单击鼠标右键选择"重命名"，输入文字"客户订单查询表"，单击回车键，选中"客户订单查询表"工作表标签，单击鼠标右键选择"工作表标签颜色"，选中"标准色"区域的"紫色"。

（2）选中订单编号"10005"所在行，单击鼠标右键选择"剪切"，选中学号"10006"所在行，单击鼠标右键，选择"插入剪切的单元格"项。选中 E 列，单击鼠标右键，选择"删除"。选中第 1 行，单击鼠标右键，选择"行高"项，打开"行高"对话框，在"行高"文本框中输入"33"，单击"确定"按钮。选中表格 A-E 列，打开"列宽"对话框，在"列宽"文本框中输入"10"，单击"确定"按钮。

2．单元格格式的设置。

（1）选择"客户订单查询表"工作表，选中 A1：E1 单元格区域，单击"开始"选项卡，单击"对齐方式"组中的"合并后居中"按钮，在"字体"组中分别选择"字体"下拉列表中的"华文彩云"和"字号"下拉列表中的"26"，单击"加粗"按钮，单击"字体颜色"右侧的下拉按钮，选择"其他颜色"，选择"自定义"选项卡，分别在"红色""绿色""蓝色"编辑框中输入"226""110""10"，单击"确定"按钮。选择 A1 单元格，右击选择"设置单元格格式"，选择"填充"选项卡，在"图案样式"下拉列表中选择"6.25%灰色"底纹。

（2）选中 A2：E2 单元格区域，单击"开始"选项卡，在"字体"组中选择"字体"下拉列表中的"华文细黑"，单击"居中"按钮，单击"填充颜色"右侧的下拉按钮，选择"其他颜色"，选择"自定义"选项卡，分别在"红色""绿色""蓝色"编辑框中输入"226""110""10"，单击"确定"按钮。

（3）选中单元格区域 A3：E9，选中"开始"选项卡，单击"对齐方式"组中的"居中"和"垂直居中"按钮，单击"填充颜色"右侧的下拉按钮，选择"其他颜色"，选择"自定义"选项卡，分别在"红色""绿色""蓝色"编辑框中输入"250""190""140"，单击"确定"按钮。

（4）选中单元格区域 D3：E9，单击鼠标右键，选择"设置单元格格式"项，选择"数字"选项卡，选择左侧"数值"，在"小数位数"中输入"1"，单击"确定"按钮。

（5）选中单元格区域 A2：E9，单击鼠标右键，选择"设置单元格格式"项，选择"边框"选项卡，在"样式"列表框中选择第 2 列第 7 个线型，在"颜色"下拉列表中选择"标准色"下的"深蓝色"，单击"外边框"按钮，在"样式"列表框中选择第 1 列倒数第 7 个线型，在"颜色"下拉列表中选择"标准色"下的"浅蓝色"，单击"内部"按钮，单击"确定"按钮。

3．表格的插入设置。

（1）选中 E5 单元格，单击鼠标右键，选择"插入批注"，输入文字"未付定金"。

（2）单击 B11 单元格，单击"插入"选项卡，在"符号"组中单击"公式"按钮，在"公

式工具"的"设计"选项卡中，按样章设计公式。选中该公式，在"绘图工具"的"格式"选项卡中，单击"形状样式"组中的"形状样式"下拉按钮，选择"彩色填充—橙色，强调颜色6"，参照样章适当调整公式的大小和位置。

二、如【样文6-3B】所示建立图表

选中B2:B9单元格区域，用"Ctrl"键继续选择D2:E9单元格区域，单击"插入"选项卡，在"图表"组中单击"条形图"，选择"三维条形图"下的"三维簇状条形图"，单击"图表工具"选项卡下的"布局"选项卡，单击"标签"组中的"图表标题"按钮，选择"图表上方"，在"图表标题"框中输入文字"订单金额统计图"，单击"坐标轴标题"按钮，选择"主要横坐标轴标题"，选择"坐标轴下方标题"，输入文字"金额"，单击"坐标轴标题"按钮，选择"主要纵坐标轴标题"，选择"旋转过的标题"，输入文字"客户姓名"，单击"图表工具"选项卡下的"设计"选项卡，在"位置"组中单击"移动图表"按钮，在"对象位于"下拉列表中选择"Sheet3"，单击"确定"按钮。（适当调整图表的位置后取消对其的选中。）

三、工作表的打印设置

选中"客户订单查询表"工作表中的第6行，单击"页面布局"选项卡，在"页面设置"组中，单击"分隔符"按钮，选择"插入分页符"项，单击"打印标题"按钮，在"打印标题"区域的"顶端标题行"编辑框中输入"$1:$1"，单击"确定"按钮。（适当调整各列列宽，使其完整显示。）

单击"文件"选项卡，单击"保存"项。

第七单元　电子表格

单击"文件"选项卡，单击"打开"项，单击"打开"项，"查找范围"按指定路径，选择"A7.xlsx"，单击"打开"按钮。

1．数据的查找与替换。

选择"Sheet1"工作表，单击A1单元格，选择"开始"选项卡，在"编辑"组中单击"查找和选择"按钮，选择"替换"；在"查找内容"和"替换为"编辑框中分别键入"J-06"和"G-06"，单击"全部替换"按钮，单击"确定"按钮，单击"关闭"按钮。

2．公式、函数的应用。

在"F3"单元格中输入公式"=D3/E3"，利用填充柄向下拖曳公式到F10单元格。

3．基本数据分析。

（1）选择"Sheet2"工作表；选中"A2:E10"单元格，单击"数据"选项卡，在"排序和筛选"组中，单击"排序"按钮，在"主要关键字"下拉列表中选择"总数（个）"，在"排序依据"下拉列表中选择"数值"，在"次序"下拉列表中选择"降序"，单击"添加条件"按钮；在"次要关键字"下拉列表中选择"产品型号"，在"排序依据"下拉列表中选择"数值"，在"次序"下拉列表中选择"降序"，单击"确定"按钮。选中"C3:E10"单元格区域，选中"开始"选项卡，在"样式"组中，单击"条件格式"按钮，选择"图标集"，在"方向"

区域选择"3个三角形"。

（2）选择"Sheet3"工作表，选中"A2:E10"单元格，单击"数据"选项卡，在"排序和筛选"组中，单击"筛选"按钮，单击"不合格产品（个）"的下拉按钮，选择"数字筛选"→"小于"项，在"小于"旁的编辑框中输入"200"，单击"确定"按钮。单击"合格产品（个）"的下拉按钮，选择"数字筛选"→"大于"项，在"大于"旁的编辑框中输入"5000"，单击"确定"按钮。

（3）选择"Sheet4"工作表，将光标定位在"C25"单元格，单击"数据"选项卡，在"数据工具"组中，单击"合并计算"按钮，选中"函数"下拉列表中的"求和"项，在"引用位置"编辑框中输入"Sheet4!\$C\$3:\$E\$10"，单击"添加"按钮，在"引用位置"编辑框中输入"Sheet4! \$C\$14: \$E\$21"，单击"添加"按钮，单击"确定"按钮。

（4）选择"Sheet5"工作表，选中"B3"单元格，单击"数据"选项卡，在"排序和筛选"组中单击"升序"按钮。单击"分级显示"组中的"分类汇总"按钮，在"分类字段"下拉框中选择"产品型号"，在"汇总方式"下拉列表中选择"求和"项，在"选定汇总项"中选中"不合格产品(个)""合格产品(个)""总数(个)"复选框，单击"确定"按钮，单击左侧的"2"按钮。

4．数据的透视分析。

选中"数据源"工作表的"A2:F34"单元格，单击"插入"选项卡，单击"表格"组中的"数据透视表"按钮，选择"数据透视表"项，在"选择放置数据透视表的位置"区域，单击"现有工作表"单选按钮，在"位置"编辑框中输入"Sheet6! \$A\$1"，单击"确定"按钮，在"右侧"的"选择要添加到报表的字段"中将"产品规格""季度""车间""不合格产品(个)""合格产品(个)""总数(个)"分别拖曳到"在以下区域间拖动字段"区域的"报表筛选""行标签""列标签""数值"框中，单击"数值"框中的各数值下拉按钮，依次选择"值字段设置"项，在"计算类型"列表框中选择"求和"，单击"确定"按钮。将"列标签"下的"数值"拖到"行标签"，单击"B2"单元格中的下拉按钮，选中"选择多项"复选框，仅选中"G-05"复选框，单击"确定"按钮。

单击"文件"选项卡，单击"保存"项。

第八单元　MS Word&Excel

双击桌面上的 Word 图标，单击"文件"选项卡，选择"打开"项，"查找范围"按指定路径，选择"A8.docx"，单击"打开"按钮。

1．选择性粘贴。

单击快速启动栏上的"启动 Excel 应用程序"，单击"文件"选项卡，选择"打开"项，"查找范围"按指定路径，选择"TF8-3A.xlsx"，单击"打开"按钮。选中"B2：F9"区域，单击鼠标右键，选择"复制"项，切换到"A8.docx"，将光标定于如样章所示位置，单击"开始"选项卡，在"剪贴板"组中，单击"粘贴"下方的下拉按钮，选择"选择性粘贴"，在"形式"列表框中选择"Microsoft Excel 工作表对象"，单击"确定"按钮。

2．文本与表格间的相互转换。

选中"部分商品利润分析表"下的若干行文字，单击"插入"选项卡，在"表格"组中，单击"表格"按钮，选择"文本转换成表格"，在"固定列宽"旁的编辑框中输入"2.3厘米"，其余保持默认，单击"确定"按钮。选中整张表格，单击"表格工具"下的"设计"选项卡，在"表格样式"组中，单击"表格样式"右侧的下拉按钮，选择"内置"区域下的"中等深浅列表2"。依旧选中整张表格，右键单击选择"表格属性"项，在"表格"选项卡中，在"对齐方式"组中选择"居中"，单击"确定"按钮。

3．录制新宏。

切换到 Excel，单击"文件"选项卡，选择"新建"下的"空白工作簿"；单击"文件"选项卡中的"保存"项，根据试题描述选择到指定文件夹，选择"保存类型"下拉列表中的"Excel 启用宏的工作簿（ *.xlsm ）"，在"文件名"编辑框中输入"A8-A"，单击"保存"按钮。在"开发工具"选项卡上，单击"代码"组中的"宏安全性"按钮，在"信任中心"窗口下左侧栏中选择"宏设置"项，在右侧区域中选中"启用所有宏"单选按钮和"信任对 VBA 工程对象模型的访问"复选框，单击"确定"按钮。在"开发工具"选项卡上，单击"代码"组中的"录制宏"按钮，在"宏名"编辑框中输入"A8A"，选择"保存在"列表框中的"当前工作簿"项，单击"快捷键"下的编辑框中键入"Shift+F"组合键，单击"确定"按钮，在任一单元格内修改文字，字体选择"方正姚体"，字号选择"20"，颜色选择标准色下的"红色"，在"开发工具"选项卡上，单击"代码"组中的"停止录制"按钮，单击"文件"选项卡，单击"保存"项。

4．邮件合并。

单击"文件"选项卡，选择"打开"项，"查找范围"按指定路径，选择"TF8-3B.docx"，单击"打开"按钮。单击"文件"选项卡，选择"另存为"项，在"文件名"编辑框中输入"A8-B.docx"，单击"保存"按钮。在"邮件"选项卡上，单击"开始邮件合并"组中的"开始邮件合并"下拉按钮，选择"邮件合并分步向导"项，在右侧区域选择"信函"单选按钮，单击"下一步：正在启动文档"→"下一步：选取收件人"项，单击"浏览"项，根据试题描述选择到文件"TF8-3C.xlsx"，单击"打开"按钮，依次单击"确定"按钮，单击"下一步：撰写信函"项。将光标定位在表格中"姓名"下面的空单元格内，单击"其他项目"项，选择"域"列表框中的"姓名"项，单击"插入"按钮，单击"关闭"按钮。依照此操作，参照样章，将其余域插入至对应位置。单击"下一步：预览信函"→"下一步：完成合并"→"编辑单个信函"→"全部"单选按钮，单击"确定"按钮。单击"文件"选项卡，选择"保存"项，在"文件名"编辑框中输入"A8-C"，选择"保存类型"为"Word 文档 (*.docx)"，单击"保存"按钮。

第一单元　操作系统应用（10分）

1．Windows 7 操作系统的基本应用。

进入 Windows 7 和资源管理器，按要求建立文件夹，复制、重命名文件。

2．Windows 7 操作系统的简单设置。

隐藏字体和添加输入法。

第二单元　文字录入与编辑（10分）

1．新建文件。

在文字处理程序中，新建文档，并以指定的文件名保存至考生文件夹中。

2．录入文档。

录入汉字、字母、标点符号和特殊符号，并要求具有较高的准确率和一定的速度。

3．复制粘贴。

复制现有文档内容，并粘贴至指定的文档和位置。

4．查找替换。

查找现有文档的指定内容，并替换为不同的内容或格式。

第三单元　文档的格式设置与编排（14分）

1．设置字体格式。

为指定的文本设置字体、字号、字形、颜色及文本效果等。

2．设置段落格式。

设置对齐方式、段落缩进、行距和段落间距等。

3．拼写检查。

利用"拼写和语法"工具检查并更正英文文档中的错误单词。

4．设置项目符号或编号。

为文档段落设置指定内容和格式的项目符号或编号。

5．设置中文版式。

为文档指定内容添加拼音、纵横混排、合并字符、首字下沉等中文版式。

第四单元　文档表格的创建与设置（10 分）

1．创建表格并自动套用格式。

创建一个新的表格并自动套用表格样式。

2．表格的行、列修改。

在表格中交换、插入或删除行和列，设置行高和列宽。

3．合并或拆分单元格。

将表格中的单元格合并或拆分。

4．设置表格格式。

设置表格中单元格的对齐方式、字体格式及底纹等。

5．设置表格的边框线。

设置表格中边框线的线型、线条粗细、线条颜色等。

第五单元　文档的版面设置与编排（13 分）

1．页面设置。

设置文档的纸张大小、方向、页边距等。

2．艺术字设置。

设置艺术字样式、形状样式、三维效果、环绕方式及文本格式等。

3．文档的版面格式设置。

为文档中指定的行或段落分栏，为指定的文本添加边框和底纹。

4．文档的插入设置。

在文档中指定的位置插入图片，并设置大小、位置、环绕方式或外观样式等；为文档中指定的文字添加脚注或尾注；为文档添加页眉(页脚)、插入页码等。

第六单元　电子表格的基本操作（18分）

1．工作表的基本操作。

插入、删除、移动行或列，调整行高和列宽，工作表的重命名、移动、删除或复制，设置工作表标签的颜色。

2．单元格格式的设置。

为指定单元格区域套用预设的表格样式或单元格样式，设置单元格或单元格区域的字体、字号、字形、颜色及对齐方式等，设置表格的底纹和边框线。

3．表格的插入设置。

为指定单元格插入批注，利用公式输入程序输入指定的公式。

4．建立图表。

使用指定的数据建立指定类型的图表，并对图表进行必要的修饰。

5．工作表的打印设置。

在工作表的指定位置插入分页符，设置打印标题、打印区域、打印预览等。

第七单元　电子表格的数据处理（15分）

1．公式、函数的应用。

应用公式或函数计算数据的总和、平均值、最大值、最小值或指定的运算内容。

2．数据的管理。

对指定的数据进行排序、筛选、设置应用条件格式、合并计算、分类汇总等。

3．数据分析。

应用指定的数据建立数据透视表。

第八单元　MS Word 和 MS Excel 的进阶应用（10分）

1．选择性粘贴。

在文字处理程序中嵌入电子表格程序中的工作表对象。

2．文本与表格的转换。

在文字处理程序中按要求将表格转换为文本，或将文本转换为表格。

3．记录(录制)宏。

在文字处理程序或电子表格程序中，记录(录制)指定的宏。

4．邮件合并。

创建主控文档，获取并引用数据源，合并数据并保存邮件。

附录2
全国计算机信息高新技术考试办公软件应用模块（Windows 7 平台）操作员级考试评分细则

全国计算机信息高新技术考试办公软件应用模块（Windows 7 平台）操作员级考试是面向使用计算机进行文字和其他事务信息处理人员的技能测评，强调处理常用文字、图表和其他事务信息的能力及一定的熟练程度，判分标准是根据日常工作中的应用技能特点概括而来的。本考试的判分采用分解评判点的判分法，考评员需根据每一个评分点逐项评判，最后形成总分，评分时应注意以下几点。

1. 所有判分点中，除"录入准确率"之外，均为按对错判分项。其中一些项是"有对的就给分"，而另一些则是"有错的就不给分"，请注意掌握。

2. 凡是考题要求中明确指明的操作，评分时应严格要求。

3. 若某项判分中有多个考核点，全部正确才给分，任错一处不给分。

4. 如果考生完成的结果和答案基本一致，但使用的操作技能与要求不符，不给分。

5. 若考生完成的效果与标准答案略有差别，但差别之处在该题中未明确要求，给分。

6. 建议考评员以只读方式打开考生建立的文档，以免因评分时的误操作影响考生的原始考试结果。

本评分细则经国家职业技能鉴定专家委员会计算机专业委员会审定，是考评员评判考生考试结果的唯一依据；本细则由审定机构解释和修订。

第一单元　操作系统应用　10 分

评分点	分值	得分条件	判分要求
开机	1	正常打开电源，在 Windows 7 中进入资源管理器	无操作失误
建立考生文件夹	1	文件夹名称、位置正确	必须在指定的驱动器
复制文件	2	正确复制指定的文件	复制正确即得分

评分点	分值	得分条件	判分要求
重命名文件	2	正确重命名文件名及扩展名	文件名及扩展名须全部正确
隐藏字体	2	按要求隐藏指定字体	何种字库不做要求
添加输入法	2	按要求添加指定输入法	何种版本不做要求

第二单元　文字录入与编辑　10分

评分点	分值	得分条件	判分要求
创建新文件	1	在指定文件夹中正确创建 A2.doc	内容不做要求
汉字、字母录入	1	有汉字和字母	正确与否不做要求
标点符号、特殊符号的录入	1	有中文标点符号，有特殊符号	必须使用插入"符号"技能点
录入准确率	4	准确录入样文内容	录入错（少、多）均扣1分，最多扣4分
复制粘贴	1	正确复制粘贴指定内容	内容、位置均必须正确
查找替换	2	将指定内容全部更改	使用"查找／替换"技能点，有一处未改不给分

第三单元　文档的格式设置与编排　14分

评分点	分值	得分条件	判分要求
设置字体	1	全部按要求正确设置	错一处则不得分
设置字号	1	全部按要求正确设置	错一处则不得分
设置字形	1	全部按要求正确设置	错一处则不得分
设置颜色	1	全部按要求正确设置	错一处则不得分
设置文本效果	1	全部按要求正确设置	错一处则不得分
设置对齐方式	2	全部按要求正确设置	必须使用"对齐"技能点，使用其他方式对齐不得分
设置段落缩进	1	缩进方式和缩进值正确	必须使用"缩进"技能点，使用其他方式缩进不得分
设置行距／段落间距	2	间距设置方式和间距数值正确	必须使用"行距"或"间距"技能点，使用其他方式不得分
拼写检查	1	改正文本中全部的错误单词	使用"拼写"技能点，有一处未改则不给分

评分点	分值	得分条件	判分要求
设置项目符号或编号	1	按样文正确设置项目符号或编号	样式、字体和位置均正确
设置中文版式	2	按样文正确添加拼音、合并字符、纵横混排或首字下沉	使用"中文版式"技能点，其他方式不得分

第四单元　文档表格的创建与设置　10分

评分点	分值	得分条件	判分要求
创建表格	1	行列数符合要求	行高、列宽不做要求
自动套用格式	2	正确套用表格样式	自动套用类型无误
表格的行、列修改	2	正确的插入（删除）行（列）、正确的移动行（列）的位置、设置的行高和列宽值正确	位置和数目均须正确
合并或拆分单元格	1	正确合并或拆分单元格	位置和数目均须正确
表格格式	2	正确设置单元格的对齐方式、正确设置单元格中的字体格式、正确设置单元格底纹	精确程度不做严格要求
设置边框	2	边框线的线型、线条粗细、线条颜色与样文相符	所选边框样式正确

第五单元　版面的设置与编排　13分

评分点	分值	得分条件	判分要求
设置页面	1	正确设置纸张大小，页面边距数值准确	一处未按要求设置则不给分
设置艺术字	3	按要求正确设置艺术字	艺术字样式、大小和位置与样文相符，精确程度不做严格要求
设置分栏格式	1	栏数和分栏效果正确	有数值要求的须严格掌握
设置边框／底纹	2	位置、范围、数值正确	有颜色要求的须严格掌握
插入图片	2	图片大小、位置、环绕方式或外观样式正确	精确程度不做严格要求
插入脚注（尾注）	2	设置正确，内容完整	录入内容可有个别错漏
设置页眉／页码	2	设置正确，内容完整	页码必须使用"插入页码"技能点，使用其他方式设置不得分

第六单元 电子表格的基本操作 18分

评分点	分值	得分条件	判分要求
设置工作表行、列	2	正确插入、删除、移动行（列）、正确设置行高列宽	录入内容可有个别错漏
重命名、复制工作表	2	命名准确、完整，复制的格式、内容完全一致	必须复制整个工作表
设置工作表标签颜色	1	正确设置工作表标签颜色	颜色错误不得分
设置单元格格式	3	正确设置单元格格式	必须全部符合要求，有一处错漏则不得分
设置表格边框线和底纹	2	正确设置表格边框线和底纹	与样文相符，不做严格要求
插入批注	2	附注准确、完整	录入内容可有个别错漏
输入公式	2	符号、字母准确，完整	大小、间距和级次不要求
建立图表	2	引用数据、图表样式正确	图表细节不做严格要求
打印设置	2	插入分页符的位置正确，设置的打印标题区域正确	可在打印预览中判别

第七单元 电子表格的数据处理 15分

评分点	分值	得分条件	判分要求
公式(函数)应用	2	公式或函数使用正确	以"编辑栏"中的显示判定
数据排序、应用条件格式	3	使用数据完整，排序结果正确，正确应用条件格式	必须使用"排序"技能点，必须使用"条件格式"技能点
数据筛选	2	使用数据完整，筛选结果正确	必须使用"筛选"技能点
数据合并计算	3	使用数据完整，计算结果正确	必须使用"合并计算"技能点
数据分类汇总	2	使用数据完整，汇总结果正确	必须使用"分类汇总"技能点
建立数据透视表	3	使用数据完整，选定字段正确	必须使用"数据透视表"技能点

第八单元 MS Word 和 MS Excel 的进阶应用 10分

评分点	分值	得分条件	判分要求
选择性粘贴	2	粘贴文档方式正确	必须使用"选择性粘贴"技能点，使用其他方式粘贴不得分
文字转换成表格（表格转换成文字）	2	行/列数、套用表格格式正确（表格转换完整、正确）	必须使用"将表格转换成文本"技能点，使用其他方式形成的表格不得分（必须使用"将文本转换成表格"技能点，使用其他方式形成的文本不得分）

评分点	分值	得分条件	判分要求
记录（录制）宏	3	宏名、功能、快捷键正确，使用顺利	与要求不符不得分
邮件合并	3	主控文档建立正确，数据源使用完整、准确，合并后文档与操作要求一致	必须使用"邮件合并"技能点，使用其他方式形成的合并文档不得分